国家职业技能等级认定培训教材

制冷工

（中级）

本书编审人员

主　编　朱　芬
副主编　郝华杰
编　者　朱　芬　王　丹　张晓娅　温均雄　李晓伟
　　　　陈鸿杰　王长明　郝华杰
主　审　刘文利

中国劳动社会保障出版社

图书在版编目（CIP）数据

制冷工：中级 / 人力资源社会保障部教材办公室组织编写. -- 北京：中国劳动社会保障出版社，2023

国家职业技能等级认定培训教材

ISBN 978-7-5167-5843-4

Ⅰ.①制… Ⅱ.①人… Ⅲ.①制冷工程 - 职业技能 - 鉴定 - 教材 Ⅳ.①TB6

中国国家版本馆 CIP 数据核字（2023）第 095986 号

中国劳动社会保障出版社出版发行

（北京市惠新东街 1 号　邮政编码：100029）

*

保定市中画美凯印刷有限公司印刷装订　　新华书店经销

787 毫米 ×1092 毫米　16 开本　13.25 印张　210 千字

2023 年 7 月第 1 版　　2023 年 7 月第 1 次印刷

定价：36.00 元

营销中心电话：400-606-6496

出版社网址：http://www.class.com.cn

前　言

为加快建立劳动者终身职业技能培训制度，大力实施职业技能提升行动，全面推行职业技能等级制度，推进技能人才评价制度改革，促进国家基本职业培训包制度与职业技能等级认定制度的有效衔接，进一步规范培训管理，提高培训质量，人力资源社会保障部教材办公室组织有关专家在《制冷工国家职业技能标准》（以下简称《标准》）制定工作基础上，编写了制冷工国家职业技能等级认定培训系列教材（以下简称等级教材）。

制冷工等级教材紧贴《标准》要求编写，内容上突出职业能力优先的编写原则，结构上按照职业功能模块分级别编写。该等级教材共包括《制冷工（基础知识）》《制冷工（初级）》《制冷工（中级）》《制冷工（高级）》《制冷工（技师）》5本。《制冷工（基础知识）》是各级别制冷工均需掌握的基础知识，其他各级别教材内容分别包括各级别制冷工应掌握的理论知识和操作技能。

本书是制冷工等级教材中的一本，是职业技能等级认定推荐教材，也是职业技能等级认定题库开发的重要依据，已纳入国家基本职业培训包教材资源，适用于职业技能等级认定培训和中短期职业技能培训。

本书由广州市工贸技师学院朱芬担任主编，广东省机械技师学院刘文利担任主审。具体分工为：广州市工贸技师学院朱芬、重庆能源职业学院王丹、约克（中国）商贸有限公司温均雄、四川大学华西天府医院张晓娅编写了职业模块1，安徽金寨技师学院李晓伟、广州市工贸技师学院陈鸿杰编写了职业模块2，广东轻工职业技术学院郝华杰、广州市工贸技师学院王长明编写了职业模块3。

本书在编写过程中得到广州市工贸技师学院等单位的大力支持与协助，在此一并表示衷心感谢。

人力资源社会保障部教材办公室

目　录 CONTENTS

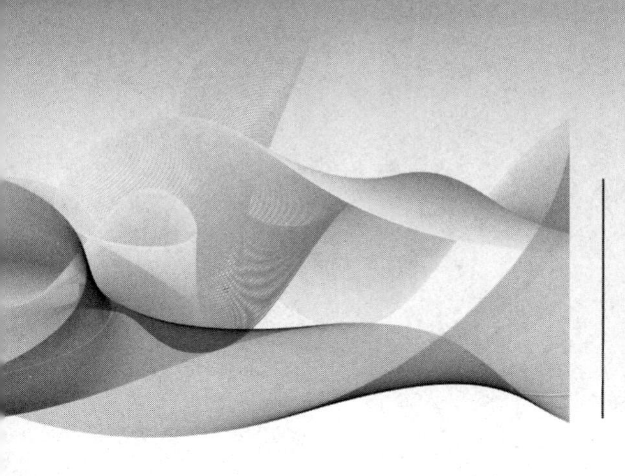

职业模块 1 操作与调整

培训课程 1 巡检操作

学习单元 1 检查配电系统的状态

了解万用表的分类和作用

掌握万用表的使用方法

能够检测设备配电系统的状态参数

一、万用表简介

万用表是一种多功能、多量程的便携式检测工具，主要用于电气设备、供配电设备以及电动机检测。根据结构功能和使用特点的不同，万用表有指针式万用表和数字式万用表两种。

1. 指针式万用表

指针式万用表是磁电式电工测量仪表，其型号很多，但基本结构类似，如图 1–1 所示。指针式万用表又称模拟万用表。它由指针刻度盘、功能旋钮、指针机械调零旋钮、电阻挡调零旋钮、表笔连接端、表笔等构成。

在电工作业中，常使用指针式万用表对电路的直流电流（DCA）、直流电压（DCV）、交流电压（ACV）、电阻（Ω）等进行测量。有些指针式万用表还能测量晶体管、电容量等。

（1）指针式万用表的表盘

指针式万用表的表盘上印有多种符号、刻度线和数值。图 1–2 所示万用表是可以测量直流电流、交直流电压、电阻、电容、二极管和三极管放大倍数等参数的多用表，其表盘上印有多条刻度线。

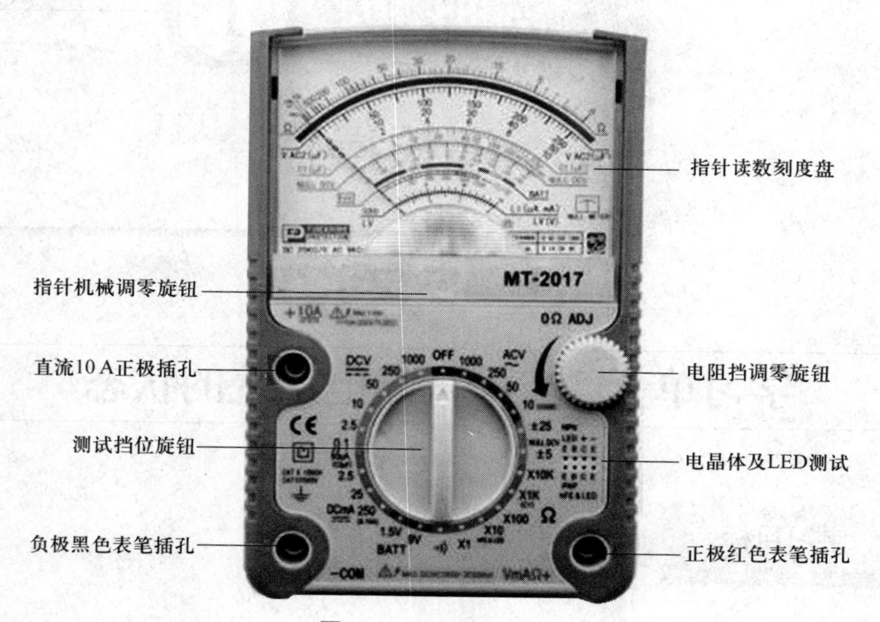

图 1–1　指针式万用表

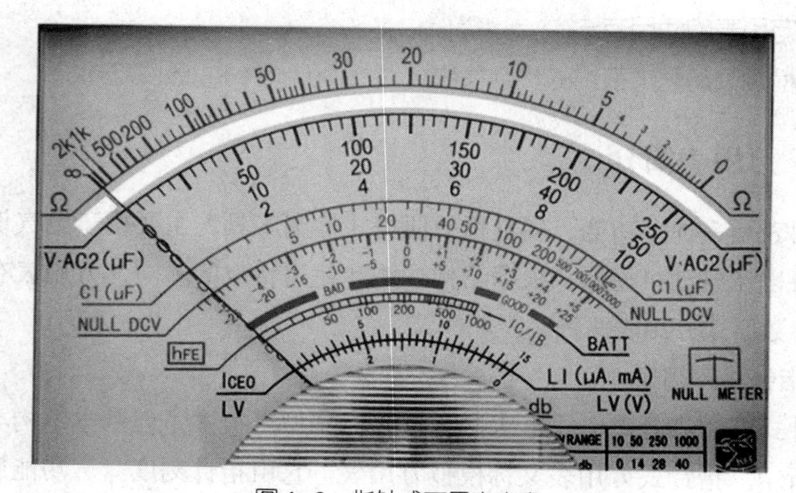

图 1–2　指针式万用表表盘

1）最外圈右端印有 Ω 的刻度线，是电阻刻度线，其右端为 0，左端为∞（无穷大），刻度值分布是不均匀的。

2）电阻 Ω 刻度线以内相邻的刻度线，符号为 V · AC2（μF），是表示交流电压、直流电压、直流电流、电容 C2 挡共用的刻度线。A 对应的刻度是直流电流毫安值，用于测量负载的电流。

3）C1（μF）刻度线是电容测试刻度线。

4）NULL DCV 用于测量中间零位正负电压。测量时红表笔和黑表笔可以不分正负极对电源的两端直接测量。

5）有“hFE”标记的是测量三极管放大倍数时用的刻度线。

6）最下端左侧标有 ICEO 的挡位，用于测量三极管的穿透电流；右侧标有 LI（μA.mA），表示该刻度线也用于指示 μA 和 mA 直流电流。

（2）指针式万用表的零位调整

指针式万用表的表头上设有指针机械调零旋钮（螺钉）和电阻挡调零旋钮，分别用于校正指针对准零位刻度和电阻挡零位。

（3）指针式万用表的测试挡位选择

测试挡位旋钮用于选择被测电量的种类和量程（或倍率）。图 1–1 所示万用表测试挡位旋钮的六点钟方向（正下方）的“•)))”是蜂鸣挡，用于测量线路的通断，通常用于测量线路电阻值上限（高达 200 Ω，具体上限阻值参考对应万用表说明书）的通断。该功能在日常线路安装、调试、维修和故障排除时经常使用。万用表测量线路的两端，如果线路是接通状态，万用表蜂鸣器将响起，反之则不会响起。

2. 数字式万用表

数字式万用表是以数字方式显示测量结果的万用表。

（1）数字式万用表的选用

数字式万用表与指针式万用表特性有差异，选用时应考虑以下方面。

1）指针式万用表读数精度较差，但指针摆动的过程比较直观，其摆动速度、幅度有时也能比较客观地反映被测量的大小；数字式万用表读数直观，但数字变化的过程看起来很杂乱，不太容易观看。

2）指针式万用表内一般有两块电池，一块是低电压的 1.5 V 电池，另一块是高电压的 9 V 或 15 V 电池，其黑表笔相对于红表笔来说是正端。数字式万用表则常用一块 6 V 或 9 V 电池。在电阻挡，指针式万用表的表笔输出电流相对于数字式万用表来说要大很多，用 R×1 Ω 挡可以使扬声器发出响亮的“哒”声，用 R×10 kΩ 挡甚至可以点亮发光二极管（LED）。

3）在电压挡，指针式万用表的内阻相对于数字式万用表来说比较小，测量精度相对较差。某些高电压、微电流的场合甚至无法测准，因为其内阻会对被测电路造成影响。数字式万用表电压挡的内阻很大，至少在兆欧级，对被测电路影响很小；但极高的输出阻抗使其易受感应电压的影响，在一些电磁干扰比较强的场合测出的数据可能是虚的。

（2）数字式万用表的功用

数字式万用表使用时，按下开关接通电源，根据被测量的种类及大小，旋转选择开关到对应位置，即可测量电阻、交流电压、直流电压、交流电流、直流电流、电容等。

如图 1–3 所示的数字式万用表，测量时黑表笔插入 COM 插口，红表笔根据需要插入三个红色插口（COM 插口以外的另三个插口）中的一个。“HOLD”按钮是数据保持按钮，按下该按钮可保持测量值，抽出表笔停止测量后数值将保持显示。“RANGE”按钮用于手动 / 自动量程切换。功能切换按钮可以切换测量功能。选择测量电流 A 挡位时，可切换测量交流或直流电流；选择电阻 Ω 挡位时，可切换电阻值、回路通断蜂鸣测试、二极管；选择电压毫伏 mV 测量时，可切换测量交流毫伏或直流毫伏。有的数字万用表还支持测量温度，连接 K 型热电偶温度计，旋转到温度挡即可直接显示热电偶所测温度值。

（3）钳形数字式万用表

由于测量电流时要把万用表串联在电路当中，所以用图 1–3 所示类型的

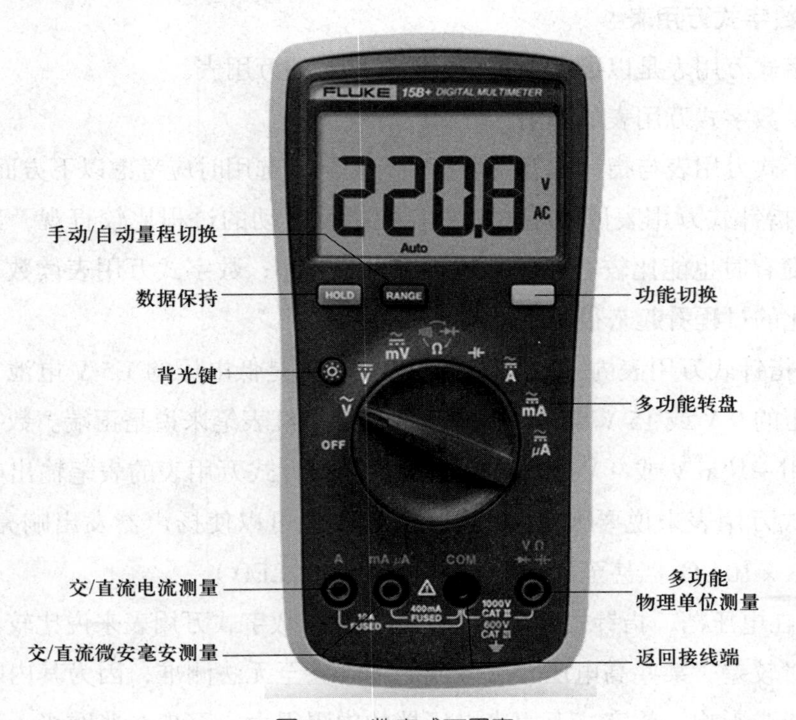

图 1–3　数字式万用表

数字式万用表测量电流时，必须断开被测电流回路，把万用表串联在电路中，然后再通电进行测量。而钳形数字式万用表可以不停电测量电流，使用非常方便。钳形数字式万用表比普通数字式万用表多一个电流钳口，专门用于测量电流，如图 1–4 所示。

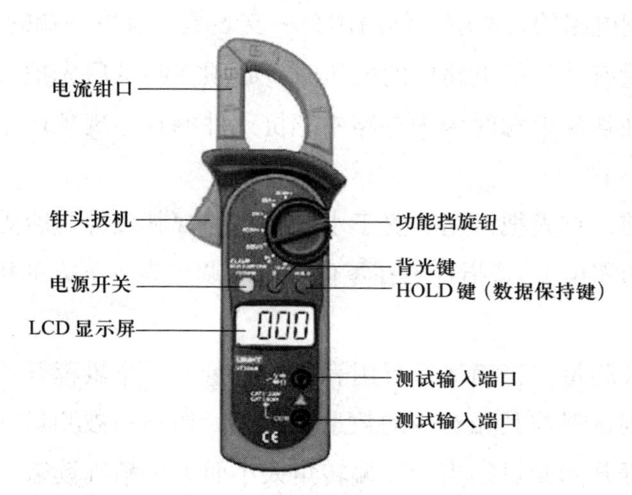

图 1–4 钳形数字式万用表

钳形数字式万用表的电流钳口，常见的是用于测量交流电流的钳口，也有用于测量直流电流的钳口。一些高端的钳形数字式万用表，兼有测量交流电流和直流电流的功能，并支持自动识别直流电流或交流电流。

钳形数字式万用表的电流测量部分，由电流互感器和万用表内部的电流测量部分组成。测量电流时，可按下钳头扳机使钳口张开，将被测电路放入钳口内，松开钳头扳机使钳口闭合即可测量电流。

二、万用表的使用

1. 万用表使用的注意事项

（1）使用时应将万用表放平。使用过程中不能用手接触表笔的金属部分，这样一方面可以保证测量数据准确，另一方面也可以保证人身安全。

（2）长时间不使用万用表时应将电池取出，避免电池漏液腐蚀表内器件。

（3）测量电压和电流时要注意正负极性，发现表针反转应立即调换表笔。

（4）测量电压时不能拨错挡位，误用电阻挡或电流挡测量电压极易损坏万用表。

（5）不能在测量时进行挡位转换，尤其是测量高电压或大电流时，否则可能损坏万用表。如需换挡，应先断开表笔，换挡后再重新测量。在测量较高电压（如 220 V）时拨动量程选择开关将产生电弧，会烧坏转换开关的触点。

（6）在测量大于或等于 100 V 的高电压时，必须注意安全。最好先把一支表笔固定在被测电路的公共端，然后用另一支表笔碰触另一端的测试点。

（7）在测量有感抗的电路中的电压时，必须在测量后先把万用表断开再关电源，否则会在切断电源时因为电路中感抗元件的自感现象产生高压而烧坏万用表。

（8）测试前，首先把万用表置于水平状态并视其表针是否处于零位（指电流、电压刻度的零位），若指针不在零位，则应调整表头下方的机械调零旋钮使指针指向零位。

（9）根据被测量，正确选择万用表上的测量项目及量程开关。如已知被测量的数量级，则选择与其相对应的数量级量程。如不知被测量的数量级，则应从选择最大量程开始测量，当指针偏转角太小而无法精确读数时，再把量程减小。一般以指针偏转角不小于最大刻度的 30% 为合理量程。

（10）万用表使用完毕，应将转换开关置于交流电压的最大挡或 OFF 挡。

（11）选择和使用万用表前应注意其安全等级 CAT 是否满足被测电路的要求。万用表上标注的 CAT 等级表明万用表所归属的最高“安全区域”，CAT 后面的电压数值则表示万用表能够承受电压冲击的上限。万用表 CAT 等级常见的有 CAT Ⅰ、CAT Ⅱ、CAT Ⅲ。CAT 等级是向下单向兼容的，也就是说一块 CAT Ⅲ的万用表在 CAT Ⅰ、CAT Ⅱ下使用是完全安全的。如图 1–5 所示万用表的 CAT Ⅲ最高为 1 000 V 直流或 750 V 交流。

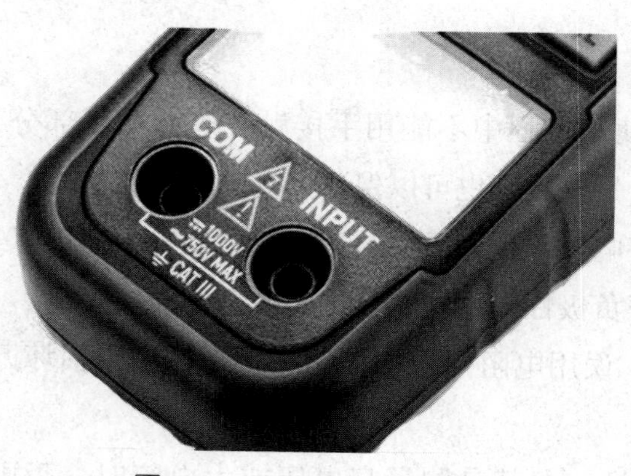

图 1–5　万用表的 CAT 等级

2. 指针式万用表的机械调零和量程选择

（1）机械调零

在测量电流、电压等电量信号前，应先进行机械调零，以避免测量时不必要的示值误差。如图 1–6a 所示，机械调零的方法是通过调节刻度盘正下方的机械调零旋钮，将指针对准刻度盘最左侧的零位刻度。

测量电阻之前，应对电阻挡进行调零。如图 1–6b 所示，将两个表笔短接，万用表指针将迅速向右偏转，此时调节电阻挡调零旋钮，使指针刚好对准电阻挡刻度线右边的零位。如果指针不能调到零位，说明电池电量不足或表内部有故障。电阻挡每换一次挡位（倍率），测量前均应进行电阻挡调零，以保证测量读数准确。

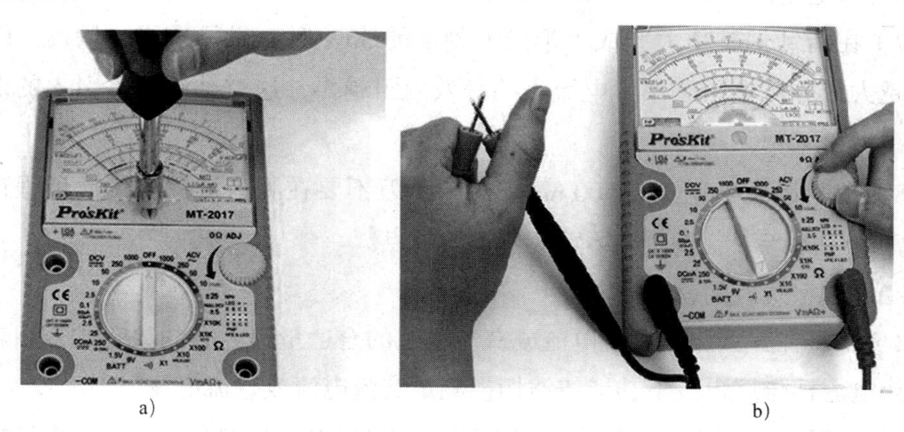

a）　　　　b）

图 1–6　指针式万用表的机械调零

a）机械调零　b）电阻挡调零

（2）量程选择

为避免在使用时由于被测量数值大于万用表的量程而损坏万用表，在测量前应选择合适的量程。对于指针式万用表，一般情况下应使指针指在刻度线的 1/3 ~ 2/3 区域。若测量前无法估计被测量值的数值，则应选择最大量程。测量时如指针过于接近零位，应将万用表退出测量后重新选择挡位再次测量，直至指针落在刻度尺的 1/3 ~ 2/3 区域。

指针式万用表电阻挡的刻度线是不均匀的，所以倍率的选择应使指针停留在刻度线较稀的区域，且指针越靠近刻度线的中间读数越准确。

3. 测量电流

（1）指针式万用表测量电流

1）进行机械调零。

2）根据电流大小选择挡位（无法确定可能的最大电流时，应选择最大量程挡初测），找出在刻度盘上对应的刻度线。

3）测量前必须先断开电路，然后按照电流从“+”到“–”的方向将万用表串联到被测电路中，即电流从红表笔流入、从黑表笔流出。

4）如果不知道被测电流的方向，可以在电路的一端先接好一支表笔，另一支表笔在电路的另一端轻轻地碰一下，如果指针向右摆动，说明接线正确；如果指针向左摆动（低于零位），说明接线不正确，应调换万用表两支表笔的位置。

5）合上电路开关，接通电路。

6）测量电流，观察指针摆动幅度。

7）在指针偏转角大于或等于最大刻度的 30% 时，尽量选用大量程。因为量程越大，分流电阻越小，电流表的等效内阻越小，这时被测电路引入的误差也越小。

8）在测量大电流（如 500 mA）时，千万不要在测量过程中拨动量程选择开关，以免因产生电弧而烧坏转换开关的触点。

（2）数字式万用表测量电流

1）将量程开关拨至直流电流或交流电流的合适量程。有的数字式万用表需在选择电流挡位后再按下功能按钮切换测量交流电流或直流电流。

2）如图 1–3 所示类型的数字式万用表，根据电流类型和大小，红表笔插入 A（量程 < 10 A）或 mA（量程 < 400 mA）插孔；如图 1–4 所示类型的数字式万用表，由于只有两个插孔，测量时无须切换插孔位置。

3）断开电路，将万用表串联在被测电路中，之后接通电路，测出电流并读出测量值。测量直流电流时，数字式万用表能自动显示极性（电流从黑表笔流入、从红表笔流出时，显示数值前带“–”）。

4）使用钳形数字式万用表测量电流时，无须停电，直接测量电流。测量时尽量保持电缆在钳口的中心部位，以保证准确度。测量时如读数视角不佳、无法读数，则可使用 HOLD 键保持读数后，松开钳口拿出万用表再读数。

4. 测量电压

（1）指针式万用表测量直流电压

1）进行机械调零。

2）根据电压大小旋转转换开关到对应的直流电压挡及合适的量程，并找出刻度盘上对应的刻度线。无法得知被测电路可能的最大电压时，应先选择最大量程挡进行初测。

3）将表笔并联接在电路中，红表笔接测量点高电位（正极），黑表笔接测量点低电位（负极），观察读数即为所测直流电压值。若表笔接反，表头指针将反向偏转，容易撞弯表针。如果不知道被测电压的极性，可按前述测电流时的试探方法试一试，如果指针向右偏转，则可以进行测量；如果指针向左偏转，则把两支表笔调换位置，方可测量。

（2）指针式万用表测量交流电压

1）进行机械调零。

2）根据电压大小旋转转换开关到对应的交流电压挡及合适的量程，并找出刻度盘上对应的刻度线。无法得知被测电路可能的最大电压时，应先选择最大量程挡进行初测。

3）测量交流电压时，表笔无须考虑极性，将表笔并联接在电路中，观察读数即为所测交流电压值。

4）测量交流电压时，电压波形只能是正弦波，其频率应小于或等于万用表的允许工作频率，否则就会产生较大误差。

5）与上述测量电流一样，为了减小电压表内阻引入的误差，在指针偏转角大于或等于最大刻度的 30% 时，尽量选择大量程。因为量程越大，分压电阻越大，电压表的等效内阻越大，这时被测电路引入的误差越小。如果被测电路的内阻很大，就要求电压表的内阻更大才会使测量精度更高，此时需换用电压灵敏度更高（内阻更大）的万用表来进行测量。

（3）数字式万用表测量电压

1）根据电压种类和大小将选择开关拨至 DCV（直流）或 ACV（交流）的合适量程。

2）将红表笔插入 V 插孔，黑表笔插入 COM 插孔，并将表笔与被测电路并联。如图 1–4 所示的数字式万用表由于只有两个插孔，测量时无须切换插孔位置。

3）从显示屏上读出被测电压值。

5. 测量电阻

（1）指针式万用表测量电阻

1）万用表挡位选择电阻挡。

2）将两支表笔短接，旋动电阻挡调零旋钮将指针调至零位。

3）断开电路开关，使电路断电。

4）将表笔接所需测量电阻的两端，观察指针位置，指针所指示读数的倍率值即为所测电阻的阻值。例如，选择 R×100 挡测量，指针指示 40，则被测电阻值为 40×100 Ω=4 kΩ。

5）为了提高测量精度和保证被测对象安全，必须正确选择合适的量程。一般测量电阻时，要求指针在全刻度的 20% ~ 80%，这样测量精度才能满足要求。断开表笔，调整至合适量程，重复以上测量步骤。

6）电阻挡的量程不同，流过被测电阻 R_x 上的测试电流的大小也不同。电阻挡量程越小，测试电流越大。所以，如果用万用表的小量程电阻挡 R×1 和 R×10 去测量小电阻 R_x（如毫安表的内阻），则 R_x 上会流过大电流，如果该电流超过 R_x 所允许通过的电流，则 R_x 会烧毁，或把毫安表指针打弯。所以在测量不允许通过大电流的电阻时，万用表应置在大量程的电阻挡上。

另外，电阻挡量程越大，内阻所接的干电池电压越高，所以在测量不能承受高电压的电阻时，万用表不宜置在大量程的电阻挡上。如测量二极管或三极管的极间电阻时，就不能把电阻挡置在 R×10 k 挡，不然容易把管子击穿；这时只能降低量程挡，让指针指在高阻端。但电阻刻度是非线性的，在高阻端的刻度很密，易使误差增大。

7）测量较大电阻时，手不可同时接触被测电阻的两端，不然人体电阻就会与被测电阻并联，使测量结果不准确，测试值会大大减小。

（2）数字式万用表测量电阻

1）万用表挡位选择电阻挡。

2）将两支表笔短接，确认示值为零。

3）断开电路开关，使电路断电。

4）将表笔接被测电阻两端，观察读数即为所测电阻值。

（3）数字式万用表蜂鸣挡测量线路通断

1）万用表挡位选择蜂鸣挡。

2）将两支表笔短接，确认万用表蜂鸣器响起（蜂鸣挡功能是否正常的检查）。

3）断开电路开关，使电路断电。

4）将表笔接所需测量线路的两端，观察万用表蜂鸣器是否响起。

6. 测量电容

（1）指针式万用表测量电容

常用的指针式万用表无电容测试挡，其电阻挡可用于检测电解电容器是否损坏，即通过测量电容的漏电阻来判断其好坏。电阻挡挡位越小，输出电流越大；电阻挡挡位越大，输出电压越高。测量电容器时，电容越大，电阻挡的挡位应选择越小的，便于对电容器快速充电。具体方法如下。

1）测量过程是电容器的充电过程。将万用表红表笔接电容器负极，黑表笔接正极，在刚接触的瞬间，万用表指针即向右偏转较大角度（对于同一电阻挡，电容器容量越大，指针摆幅越大），接着逐渐向左回转，直到停在某一位置，此时的电阻值便是电容器的正向漏电阻，该值略大于反向漏电阻。经验表明，电解电容的漏电阻一般应在 500 kΩ 以上，否则将不能正常工作。

2）在测试中，若正、反向均无充电现象，即表针不动，则说明容量消失或内部断路；如果所测电阻值很小或为零，说明电容器漏电大或已击穿损坏。测量电容前应对电容进行放电。

3）对 1 000 μF 以上的电容，可先用 R×10 Ω 挡将其快速充电，并初步估测其电容容量，然后改到 R×1 kΩ 挡继续测一会儿，这时指针不应回返，而应停在或十分接近∞处，否则就是有漏电现象。

（2）数字式万用表测量电容

通常具备电容挡的数字式万用表，可直接选择电容挡对电容器进行测量。无电容挡的，将数字式万用表拨至合适的电阻挡，红表笔和黑表笔分别接触被测电容器的两极，这时显示值将从“000”开始逐渐增加，直至显示溢出符号“1”或“O.L”。如始终显示“000”，则说明电容器内部短路；如始终显示溢出，则可能是电容器内部极间开路，也可能是所选择的电阻挡不合适。检查电解电容器时需要注意，红表笔接电容器正极，黑表笔接电容器负极。

7. 测量温度

有温度测量功能的万用表，可连接 K 型热电偶测量温度。具体方法如下。

（1）热电偶正极连接 V/Ω 端子，负极连接 COM 端子。

（2）将测试挡位旋钮旋转至温度挡。

（3）从显示屏读取数值。

三、检查交流接触器、继电器

1. 接触器的检测

（1）接触器简介

接触器是一种由电压控制的开关装置，适用于远距离频繁地接通和断开交直流电路的系统中。它属于一种控制类器件，是电力拖动系统、机床设备控制线路、自动控制系统中使用较为广泛的低压电器之一。

根据触点通过电流的种类，接触器主要可分为直流接触器和交流接触器两类。

直流接触器是一种应用于直流电源环境中的通断开关，具有低电压释放保护、工作可靠、性能稳定等特点。

交流接触器是一种应用于交流电源环境中的控制开关，在目前各种控制线路中应用最为广泛，它具有欠电压及零电压释放保护、工作可靠、性能稳定、操作频率高、维护方便等特点。

接触器主要包括线圈、衔铁和触点等部分，如图 1–7 所示。工作时，核心过程即在线圈得电状态下，使上下两块衔铁磁化相互吸合，衔铁动作带动触头动作，如常开触点闭合、常闭触点断开。

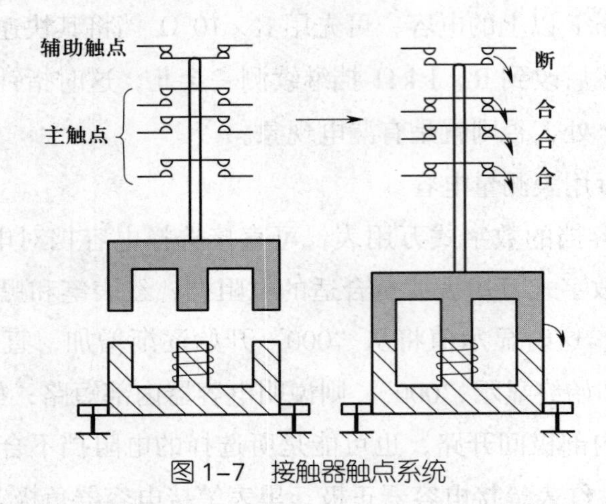

图 1–7　接触器触点系统

在实际控制线路中，接触器一般利用主触点接通或分断主电路及其连接负载，用辅助触点执行指令。

（2）接触器的检测方法

可利用万用表检测接触器各引脚间（包括线圈引脚间、常开触点引脚间、常闭触点引脚间）阻值，或在通路状态下，检测线圈未得电或得电状态下触点所控制电路的通断状态来判断其性能好坏。

制冷系统所用接触器通常为交流接触器，其检测方法如下。

1）用万用表电阻挡测量线圈阻值，红黑表笔分别连接线圈接线端子 A1 和 A2。

2）在线圈不通电情况下，用万用表电阻挡测量接触器三相引脚上下端的阻值应为无穷大。

3）线圈通电，或手动按下开关触点，用万用表电阻挡测量接触器三相引脚上下端的阻值应为零。

4）拆开接触器，检查动静触头状态，确认触头磨损情况，触头材料明显变薄时应更换触头，无法更换触头的接触器应换新。

2. 继电器的检测

（1）继电器的功能特点

继电器是一种根据外界输入量（电、磁、声、光、热）来控制电路接通或断开的电动控制器件。当输入量的变化达到规定要求时，它可在电气输出电路中使控制量发生预定的变化。其输入量可以是电压、电流等电量，也可以是非电量，如温度、速度、压力等；输出量则是触头的动作。

继电器是一种由弱电通过电磁线圈控制开关触点的器件，它是由驱动线圈和开关触点两部分组成的，其图形符号一般包括线圈和开关触点两部分（见图 1–8），其中开关触点的数量可以为多个。

常见的继电器主要有电磁继电器、热继电器、中间继电器、时间继电器、速度继电器、压力继电器、电压继电器、电流继电器等。

（2）继电器的检测方法

检测继电器，一般可借助万用表检测继电器引脚间（包括线圈引脚间、触点引脚间）的阻值是否正常。在正常情况下，常闭触点间的电阻值为零，常开触点间的电阻值为无穷大。线圈应有一定的电阻值，否则说明继电器内部存在异常或已经损坏。

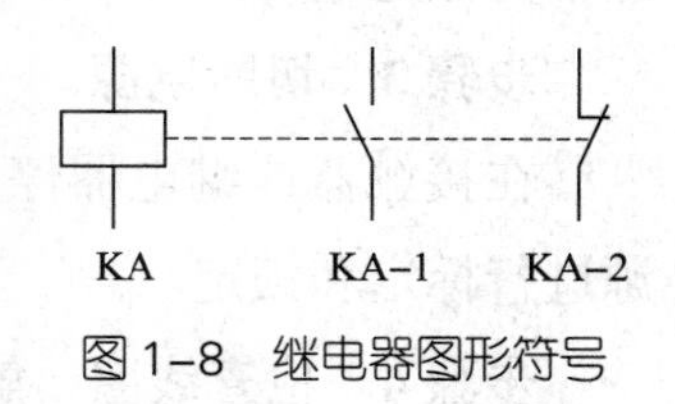

图 1–8 继电器图形符号

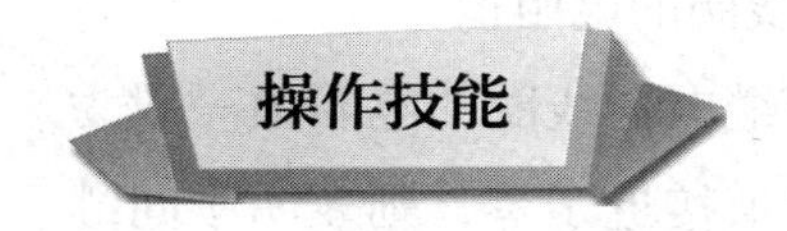

使用万用表检查交流接触器或中间继电器

一、操作准备

工器具准备：一字旋具、十字旋具、电工钳、剥线钳、万用表、300# 砂纸、标定和锁定用具。

二、操作步骤

步骤 1　在线检查

如接触器或继电器在线并带电，应穿戴好防电击的个人防护用品，按安全用电操作规范作业。

观察交流接触器、继电器的接线端子处是否有打火现象或烧焦痕迹，若有则说明此处连接导线已松动。

注意是否嗅到焦煳味或其他异味。有焦煳味时应断电并进一步检查。

对于接触器，注意检查是否有交流噪声。有交流噪声说明接触器铁芯表面有异物，或在潮湿环境下使用导致铁芯生锈，致使铁芯吸合不良；也可能是铁芯上的短路环损坏。

检查是否听到接触器或继电器有触头抖动声，线圈电压超出范围或线圈供电不稳可能导致触头抖动。

步骤 2　测量电压

（1）用万用表测量交流接触器或继电器的进线电压，电压限值为：厂家手册有要求的按厂家手册；无明确要求的，220 V 以上三相电源电压为标称电压的 ±7%，220 V 及 110 V 单相电源电压分别为标称电压的 +7% 和 −10%。

（2）用万用表测量交流接触器或继电器的线圈应满足线圈电压工作要求，通常为额定电压的 85% ~ 110%，具体参考厂家手册。

步骤 3　切断电源

在接触器或继电器停止使用时，切断其供电并验电，确认无电后对供电电源进行标定和锁定。

步骤 4　检查线圈、触点

（1）拆除连接导线，用万用表测量交流接触器线圈的电阻值

交流接触器线圈的电阻值通常为几百欧，中间继电器线圈的电阻值一般为十几千欧，不应超过出厂规定值的 ±10%。如电阻值接近于零，则表明中间继电器线圈短路；如电阻值趋于无穷大，则表明交流接触器线圈短路。

（2）交流接触器或中间继电器的内部检查

触头在合闸或分闸时产生电弧。电弧使一些触头材料变为金属蒸气重新凝固在灭弧栅上。如接触器的灭弧栅内发现大量触头材料，动触头和静触头的触头材料均烧蚀严重，则表明触头可能已经到了寿命末期，应更换全套触头或整体更换接触器；如接触器的灭弧栅内仅见少量触头材料，且动触头和静触头仅见正常磨损，则是动触头和静触头的正常使用磨合状态，应不予处理，不建议打磨触头。

对于中间继电器，需检查内部清洁无灰尘油污，各部位的焊接头牢固可靠，

发现有虚焊时应重新焊牢。检查触头表面情况，如果触头表面出现氧化，对银触头可不作处理，对铜触头可用小刀轻轻刮去氧化层。

步骤 5　记录和报告

完成工作后记录检查情况，形成报告并签名。

步骤 6　解除电源的标定和锁定

通知受影响的各方，解除标定和锁定，如有必要，恢复供电。

学习单元 2　检查电动机温升

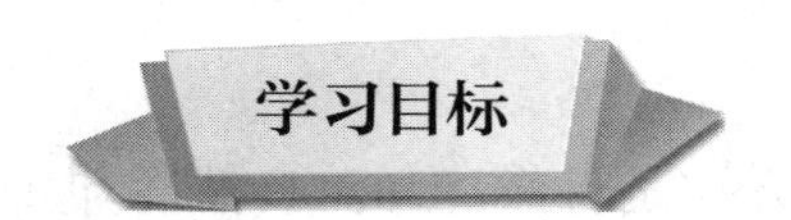

掌握电动机正常工作的温度范围

熟悉电动机异常升温的原因

能够检查电动机温升

一、电动机正常工作的温度范围

电动机作为人们生产和生活中不可缺少的重要动力提供者，在使用过程中往往会出现发热很严重的现象。

电动机发热程度通常是用“温升”而不是用“温度”来衡量的。当温升突然增大或超过最高工作温度时，说明电动机已发生故障。

温升是指电子电气设备中各个部件高出环境的温度。在所有测试点 1 h 测试间隔内前后温差不超过 2 K，此时测得任意测试点的温度与测试最后 1/4 周期环境温度平均值的差值称为温升，单位为 K。电动机允许温升是由电动机的绝缘等级所决定的，不同的绝缘等级有不同的允许温升。电动机的绝缘等级是指其所用绝缘材料的耐热等级，分为 A、E、B、F、H 五级。不同绝缘等级对应的最高允许工作温度、绕组温升限值、性能参考温度见表 1–1。

表 1–1　电动机绝缘等级及允许工作温度

电动机的绝缘等级	A 级	E 级	B 级	F 级	H 级
最高允许工作温度（℃）	105	120	130	155	180
绕组温升限值（K）	60	75	80	100	125
性能参考温度（℃）	80	95	100	120	145

二、电动机异常温升的原因

1. 开启式制冷压缩机电动机异常温升的原因

开启式制冷压缩机通常采用三相电动机。造成电动机异常温升的原因是多方面的。分析制冷压缩机电动机异常温升问题时，轴承异常温升和定子异常温升等问题都应被纳入分析范围。

（1）电动机轴承温度过高

常见的开启式制冷压缩机电动机的轴承冷却方式是自然冷却。自然冷却的轴承通常允许温升为 40 K，例如环境温度为 40 ℃时，允许轴承温度达到 80 ℃。有轴承温度监控系统的，一般采取设定 90 ℃报警、95 ℃停机对电动机进行保护。电动机试验或使用过程中，1 h 内温度变化不大于 1 K 时，可以认为达到温度稳定状态。下面以采用滚动轴承的电动机为例说明轴封温度过高故障的常见原因及其处理方法。

1）润滑油脂问题。主要是油脂过多或过少，油脂不好、含有杂质。润滑油脂过多或过少均会导致电动机轴承超温，且润滑油脂加注过多时，还有被挤入电动机腔体内的风险，可能导致电动机绝缘性能下降。应按铭牌要求添加润滑油脂。铭牌无指示润滑油脂添加量的，在轴承完全清除润滑油脂的情况下重新加注润滑油脂时，应加注轴承室容积的 1/2 ~ 2/3。

添加润滑油脂时，应将加油嘴灰尘异物清理干净，否则灰尘异物有可能随着润滑油脂进入轴承内，影响轴承润滑。轴承座底部有排油口的，加注润滑油脂时应将排油口打开，便于排出旧的润滑油脂。

2）环境温度过高。环境温度越高，轴承温度越高。检查环境温度是否过高并采取可靠的通风措施。

3）轴承质量不佳、失效或安装不良。因轴承问题导致的轴承超温，通常表现为轴承座的振动超限，且多伴随异响，此问题通过加注润滑油脂无法解决，应更换轴承。

4）轴承外轮旋转（俗称“跑外圆”）。正常状态下轴承外轮在轴承托架的可靠支承下不会与托架发生相对旋转。一旦二者发生相对旋转，将产生大量的摩擦热，导致轴承超温，且轴承托架也因此失效。导致轴承“跑外圆”的常见原因是轴承托架异常，应检修轴承托架。

5）电动机与压缩机间联轴器对中不良。电动机与制冷压缩机对中不良也会导致轴承温度超限。应按厂家要求检查并调整轴向和径向对中偏差。

6）骨架油封或铜油挡摩擦。怀疑骨架油封或铜油挡摩擦导致轴承超温时，可取下骨架油封或铜油挡，对比电动机运行时的轴承温度，如果取下骨架油封或铜油挡后轴承温度下降，应更换油封或铜油挡。

7）轴承有 RTD 温度监测的，RTD 传感器损坏或信号线异常。电动机配置了轴承温度监控的，通常采用 PT100 热电阻作为传感器。发现异常的轴承温度示值时，应对传感器和传感器信号电缆做必要检查，确认是否由于传感器失效或信号电缆异常导致读数失真而引起误报警。

8）电动机转子轴弯曲。停机状态下检测转子轴的全跳动值，可排查是否存在轴弯曲。

（2）电动机绕组温度过高

常见的开启式制冷压缩机电动机的冷却方式是水冷式和空冷式，以空冷式最为常见。导致电动机绕组温度过高的常见原因主要有过载、电源电压异常、频繁启动、缺相运行、环境温度过高、电动机内部污垢、冷却风扇异常或风量过小等。

1）过载。制冷压缩机需要的轴功率越大，相应需要的电动机转矩越大，电动机电流相应升高，绕组温度也就越高。应采取措施降低压缩机负载和容量。

2）电源电压异常（过高或过低）。电源电压过高会危及电动机绝缘，使其有被击穿的危险。电源电压过低时，电磁转矩就会降低，如果负载转矩没有减小，转子转速过低，这时转差率增大会造成电动机过载而发热，长时间过载会影响电动机的寿命。当三相电压不对称时，即一相电压偏高或偏低时，会导致某相电流过大、电动机发热，同时转矩减小会发出“嗡嗡”声，时间长了会损坏绕组。

总之，无论电压过高、过低或不对称都会使电流增大、电动机发热而损坏电动机。电动机电源电压不允许超过额定值的 ± 10%，三相电源电压之间的差值不应超出额定值的 ± 5%。

3）频繁启动。除变频启动方式外，电动机采用其他启动方式启动时，绕组都会受到冲击电流的作用，产生启动阶段的额外温升，形成热量累积。频繁启动时，绕组温度将升高甚至烧毁。无特殊要求时，制冷压缩机电动机带负载启动的，冷态下可启动 2 次，每次间隔时间不得小于 5 min；热态下可启动 1 次，当处理事故或启动时间不超过 3 s 时可再启动 1 次；连续点动 2 次视为启动 1 次。

4）缺相运行。几乎有一半以上的电动机烧毁事故都是由于电动机缺相运行引起的。缺相常常造成电动机不能运行或启动后转速缓慢，或转动无力、电流增大伴有"嗡嗡"的响声。如果轴上负载没有改变，则电动机处于严重过载状态，定子电流将达到额定值的 2 倍甚至更高，短时间内电动机就会发热甚至烧毁。造成缺相运行的主要原因如下。

①电源线路一相断电，引起电动机缺相运行。

②断路器或接触器一相烧毁或接触不良造成缺相。

③由于电动机进线老化、磨损等原因造成缺相。

④电动机一相绕组断路，或接线盒内一相接头松脱。

5）空冷式电动机环境温度过高，水冷式电动机进水温度过高或流量过小。对于空冷式电动机，环境温度越高，绕组温度越高，应检查环境温度是否过高并采取可靠的通风措施。对于水冷式电动机，应检查冷却水温度或流量，发现异常时调整冷却水温度或流量。

6）电动机绕组污垢多或通风道堵塞。绕组污垢过多时冷却效果不佳，通风道堵塞时冷却风量不足，所以应定期进行电动机保养维护，清理绕组上的灰尘和污垢，清洁通风道。清理方法可以采用不超过 400 kPa 压力的压缩空气吹扫、小型送风机吹扫、吸尘器清理、擦拭等。

7）冷却风扇故障（漏装、装反、损坏）。检查风扇安装方向；对损坏的风扇进行修复，必要时更换。

8）物料泄漏进入电动机内部，使电动机绝缘能力降低，从而使允许温升降低。固体物料或粉尘从接线盒处进入电动机内部，会到达电动机定子、转子的气隙之间，造成电动机扫膛，直到磨坏电动机绕组绝缘，使电动机损坏或报废。如果液体和气体介质泄漏进入电动机内部，将会造成电动机绝缘下降而跳闸。

2. 半封闭式或全封闭式制冷压缩机电动机异常温升的原因

（1）半封闭式或全封闭式制冷压缩机的冷却方式

半封闭式或全封闭式制冷压缩机，电动机与压缩机封闭在一个壳体内，电动机采用制冷剂冷却。制冷剂冷却方式有制冷剂吸气冷却、吸气结合喷液冷却。

如图 1–9 所示的半封闭式螺杆压缩机，从蒸发器来的低温低压制冷剂气体，从压缩机吸气口依次经过电动机、转子、油分离器，然后从排气口排到外部油分离器（或直接排到冷凝器），低温低压的制冷剂气体经过电动机时对电动机进行冷却。如果低温低压的制冷剂回气对电动机的冷却能力不足，吸气口可额外提供一路冷却来源，即液态制冷剂喷射冷却。液态制冷剂经过喷液口喷入吸气口，由于喷液口的节流作用，液态制冷剂压力和温度降低，在经过电动机时完全蒸发吸热，使电动机冷却。

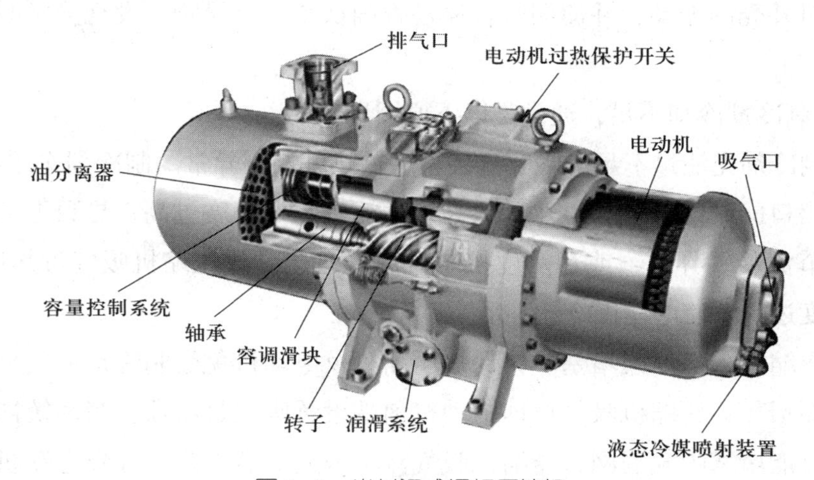

图 1–9　半封闭式螺杆压缩机

（2）半封闭式或全封闭式制冷压缩机电动机的超温保护

半封闭式或全封闭式制冷压缩机电动机内置温度保护元件，通常采用正温度系数的热敏电阻，即温度越高阻值越高。在三相绕组中均埋置热敏电阻，连接到电动机保护器。采用的热敏电阻常温下阻值为 1 kΩ。当温度过高，阻值大于 13 kΩ 后，相应温度为 125 ～ 130 ℃，持续超过 1 s，电动机保护器将触发保护信号，断开电动机电源。电动机停机后，温度下降，热敏电阻阻值下降至接近 3 kΩ 时，电动机保护器恢复允许正常开机信号，制冷压缩机才能再次启动。

（3）半封闭式或全封闭式制冷压缩机电动机异常温升的原因

半封闭式或全封闭式制冷压缩机电动机异常温升的原因可能有过载、电源电压异常、频繁启动、缺相、制冷剂冷却不足等。

1）过载、电源电压异常、频繁启动和缺相的故障分析，与开启式制冷压缩机电动机的对应故障一致。需要注意的是，若半封闭或全封闭式制冷压缩机过载或启动过程中跳闸，则还应考虑以下可能原因。

①压缩机带载停机，即容量机构未卸载到最低位置，或停机后无法复位到最低容量位置，下一次启动时压缩机形成带载启动，将导致电动机过热，温升过高，严重时烧毁绕组。

②压缩机故障，导致电动机无法启动或需要额外的转矩，使电动机过载。半封闭或全封闭式制冷压缩机无法像开启式压缩机一样通过外部盘轴检查运转是否顺畅，或通过其他外部检查确认压缩机是否故障，这就需要运行时注意检查压缩机外壳的振动，并使用听音棒检查确认是否有异响。发现异常时应及时检修。

2）制冷剂冷却不足，通常是以下原因导致的。

①制冷剂充注量不足，或节流装置的过热度控制异常。制冷剂充注不足时，蒸发器出口的制冷剂气体过热度过高，压缩机吸气温度过高，导致电动机冷却不足。节流装置异常，或过热度控制过高，也会导致压缩机吸气过热度过高，吸气温度过高，使电动机冷却不足。

②压缩机入口滤网堵塞。为保护压缩机及电动机免受制冷剂回气夹带的异物冲击而损坏，压缩机吸气口即电动机前端设置吸气过滤器。当系统内杂质过多时，可能堵塞吸气滤网，压缩机吸气流量因此显著下降，导致电动机冷却不足。

③喷液冷却控制异常或喷液控制阀失效。如上文所述，采用吸气结合喷液冷却方式，喷液冷却控制异常或控制阀失效时，喷液冷却无法执行或喷液量不足，将引起电动机冷却不足。

3. 其他电动机异常温升的原因

制冷系统中使用的载冷剂泵、水泵、风冷冷凝器风机、冷却塔风机等旋转设备的电动机，温升异常的原因与制冷压缩机电动机异常温升大致相同。某些采用带传动的电动机，可能会出现因传动带张力过大而导致轴承温度过高，调整传动带张力可解决此问题。

三、电动机温升的测量方法

1. 电动机绕组温度的测量

目前对电动机绕组和其他各部分的温度测量，可归纳为电阻法、温度计法、埋置检温计法三种基本方法。

（1）电阻法

导体电阻随着温度升高而增大，测量绕组的电阻变化，可推算绕组在热态时的温度。温升（θ_2–θ_1）可按下式求得：

$$\frac{\theta_2 + k}{\theta_1 + k} = \frac{R_2}{R_1}$$

式中 θ_1——测量绕组（冷态）初始电阻时的温度，℃；

θ_2——热试验结束时绕组的温度，℃；

R_1——冷态时的绕组电阻，Ω；

R_2——热试验结束时的绕组电阻，Ω；

k——导体材料在 0 ℃时电阻温度系数的倒数，铜 k=235，铝 k=225，除非另有规定。

为使用方便，还可用下式求取：

$$\theta_2 - \theta_a = \frac{R_2 - R_1}{R_1} \times (k + \theta_1) + \theta_1 - \theta_a$$

式中 θ_a——热试验结束时冷却介质的温度，℃。

电阻可用伏安法或电桥法测量。在切断电源后测量，则测得的温升要比断电瞬间的实际温升低。采用停机测量电阻时，应快速停机并快速测量。

（2）温度计法

此法是指用温度计贴附于成品电动机可触及的表面来测量温度。温度计不但包括膨胀式温度计，还包括非埋置式热电偶和电阻式温度计。当膨胀式温度计用于测量强交变或移动磁场部位的温度时，应采用酒精温度计而不采用水银温度计。水银是金属导体，温度计球部水银会在定子三相交流电旋转磁场作用下产生感应电动势并形成涡流而发热，这样将影响温度计的测量准确性。

当电动机达到额定运行状态时，其温度也逐渐上升到某一稳定值而不再上升，这时可用温度计测量电动机的温度。此法所测温度为测点的局部温度。由于温度计法测量有滞后性，除电动机运行时测量外，在停机后的数分钟内仍应保持每间隔 1 min 测量 1 次，直到测量值下降为止，记录最大温度值。

（3）埋置检温计法

此法是指在制造电动机时，将热电偶或热电阻温度计埋置于电动机制造后所不能达到的部位。此法主要用于测量交流定子绕组、铁芯及结构件的温度。

采用这一方法要求在电动机的绕组层间至少埋置 6 个检温计，且沿着圆周均匀分布，在保证安全的前提下，都尽可能放在绕组中最热的部位，并避免检温计与冷却空气接触，对于采用空气冷却的电动机是以检温计读数最高者确定绕组的温升是否合乎要求的。

2. 电动机轴承温度的测量

轴承温度的粗略测量可以采用红外测温仪测量轴承座表面，在轴承座表面测量多个点取最大值。用该法测量时，测量值与轴承最高温度相差明显，且轴承越大，测量值与轴承温度相差越大。用该法测量轴承温度时，测量值不应超过 80 ℃。

较为准确的测量方法是温度计法或埋置检温计法。测量时应减小温度计或检温计与轴承座的热阻，有气隙时应用导热涂料填充。

测点 A：轴承室内有测量孔的，温度计最近处离轴承外圈不超过 10 mm。

测点 B：在轴承室外表面测量的，尽可能接近轴承外圈。

以上两个位置，A 点比 B 点测量更准确。内径在 150 mm 以内的轴承，A 点测量值与 B 点测量值的温差可以忽略不计。轴承越大，二者的温差越大，较大的轴承，A 点测量值比 B 点测量值大约 15 K。

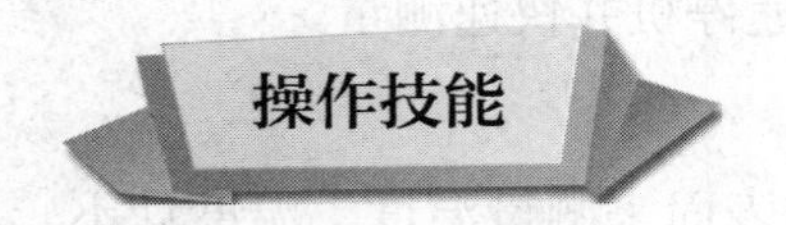

检查电动机温升

以一台 200 kW 以下的制冷压缩机电动机为例，采用电阻法检查电动机绕组温升，采用温度计法检查轴承温升。

一、操作准备

工器具准备：万用表、一字旋具、十字旋具、电桥、气温计、贴片式 PT100 铂电阻、红外测温仪、标定锁定用具。

二、操作步骤

步骤 1　测量电动机冷态下绕组的电阻值

电动机未启动，且未配置防潮加热，完全冷态下，绕组温度与环境温度一致。使用气温计测量气温，并记录气温值 θ_1。使用电桥测量三相定子绕组的阻值，比如 A 相阻值 R_1。

步骤 2　在轴承室外表面贴装贴片式铂电阻，并测量电阻值

擦拭轴承室的表面污垢，在轴承室外表面贴装贴片式 PT100 铂电阻。使用万用表测量电阻值，查电阻温度对应表，得出温度值 T_1。

步骤 3　电动机启动

制冷压缩机启动，并监测压缩机运行状态，尽量使电动机满载运行。

步骤 4　使电动机运行达到热稳定状态，持续测量贴片电阻的电阻值

使用红外测温仪持续测量电动机外壳固定点位的温度，该点位应远离冷却风扇。当环境温度基本稳定时，红外测温仪在 30 min 内测量的温度值上升不超过 2 K，可认为电动机达到了热稳定状态。

运转过程中，持续使用万用表测量轴承室表面安装的贴片式 PT100 铂电阻的阻值，经过查表换算出温度值，在 1 h 内变化不超过 1 K，可认为轴承温升已稳定。最高温度记录为 T_2。

步骤 5　停止制冷压缩机运行

尽量快速停止制冷压缩机运行。

步骤 6　断开电源，标定锁定

断开电动机上端电源，对电源开关进行锁定和标定。

步骤 7　拆下电动机绕组连接线

尽量快速拆下电动机的连接电缆。

步骤 8　使用电桥测量定子绕组电阻值

使用电桥测量三相定子绕组的阻值，比如 A 相阻值 R_2。

步骤 9　计算绕组温度和温升，计算轴承温升

此时电动机是热态，绕组热态温度为 θ_2。利用公式计算 θ_2 值：

$$(\theta_2 + k) / (\theta_1 + k) = R_2 / R_1$$

根据上述公式计算 θ_2 值后，根据差值（$\theta_2 - \theta_1$）计算得出绕组温升。

根据差值（$T_2 - T_1$）计算得出轴承温升。

步骤 10　恢复定子绕组接线

按原接法连接电动机绕组接线。

步骤 11　解除标定锁定

通知受影响各方，解除标定锁定。

培训课程 2

运行调整

学习单元 1　确定制冷压缩机运行台数

学习目标

熟悉影响制冷系统冷负荷的因素
掌握制冷量与冷负荷的匹配关系
熟悉影响冷凝器热负荷的因素
能够根据冷负荷调整制冷压缩机运行台数

一、影响制冷系统冷负荷的因素

为保证房间或物体低于周围环境温度所需供应的冷量，或维持冷库温度所需要的制冷量，称为冷负荷。影响制冷系统冷负荷的因素有以下几方面。

1. 环境温度的影响

在其他因素不变的情况下，环境温度越高，外界就有越多的热量传入冷库，所需制冷系统冷负荷就越大；反之则越小。以冷库为例，仅考虑环境温度影响的情况下，环境温度越高，冷库冷负荷越大；环境温度越低，冷库冷负荷越小。在我国北方地区，冬季外界环境温度很低，冷库的冷负荷很小，甚至制冷系统在冬季部分时间不运行。

2. 被冷却货物的影响

（1）进货量越大，制冷系统冷负荷越大。

（2）进库货物温度越高，制冷系统冷负荷越大。

（3）出库货物温度越低，制冷系统冷负荷越大。

（4）被冷却货物的比热容越大，制冷系统冷负荷越大。

（5）冷却时间越短，制冷系统冷负荷越大。

3. 储存物体的影响

如果冷库储存货物是活体（如水果等），则冷负荷与储存货物的种类、储存量等有关，还与新风量有关。

4. 进出货物操作的影响

冷库进出货物开关门将导致室内外空气流动，进出库时照明及运输设备等也会增加冷负荷。

二、制冷量与冷负荷的关系及其影响

1. 制冷量与冷负荷的关系

制冷系统的制冷量应与制冷系统的冷负荷相匹配，制冷量应有一定的余量。根据制冷系统的实际情况，通常制冷量比冷负荷大 5% ~ 15%，以保证制冷系统能达到所需的温度要求。

2. 制冷量过小或过大的影响

与冷负荷相比，若制冷量过小，则制冷系统将达不到设计要求温度，从而不能满足实际需要。与冷负荷相比，若制冷量过大，则一般情况下制冷系统能很快达到所设计的温度，满足实际需要，但过大制冷量的获得是以增加设备投资为代价的；同时，制冷量过大，将会导致压缩机频繁开、停机及系统低压过低等情况，这对于系统的经济、稳定运行是不利的。

三、影响冷凝器热负荷的因素

1. 影响冷凝器传热的主要因素

（1）制冷剂凝结方式

在冷凝阶段，制冷剂以膜状凝结和珠状凝结两种不同换热方式向冷凝器壁面放出凝结潜热。制冷剂蒸气在冷凝器中的凝结主要属于膜状凝结，提高膜状凝结换热能力的关键是减薄液膜层的厚度。

（2）减少制冷剂中不凝气体的含量

制冷剂中含有空气或制冷剂与润滑油在高温下分解出来的不凝气体，当冷凝器壁面被不凝气体层覆盖时，增加了一层热阻，使冷凝器表面传热系数急剧下降。

减少制冷剂中不凝性气体含量的措施是在安装和维修时按照要求进行抽真空，同时在有条件的情况下在制冷装置中安装空气分离器。对于小型制冷装置，为使系统简化，也可以在冷凝器上设置专用阀门，以便对含不凝性气体的制冷剂进行回收。

（3）减少制冷剂中的润滑油

润滑油随制冷剂进入冷凝器传热表面，将在冷凝器传热表面形成油膜，影响传热，造成传热效果差，使冷凝温度升高，冷凝效果变差。减少制冷剂蒸气中含油量的措施是安装油分离器，这样可以改善冷凝器的传热效果。

2. 冷凝器的热负荷

冷凝器热负荷是高温高压制冷剂气体在冷凝器中液化所需要放出的热量，按下述情况分别确定。

（1）单级压缩制冷循环

单级压缩制冷循环如图 1–10 所示。

单级压缩制冷系统冷凝器热负荷为：

$$\phi_1=q_m（h_3-h_4）$$

式中　ϕ_1——单级压缩制冷系统冷凝器热负荷，kW；

q_m——制冷剂循环量，kg/s；

h_3、h_4——制冷剂进、出冷凝器的比焓，kJ/kg。

（2）双级压缩制冷循环

双级压缩制冷循环如图 1–11 所示。

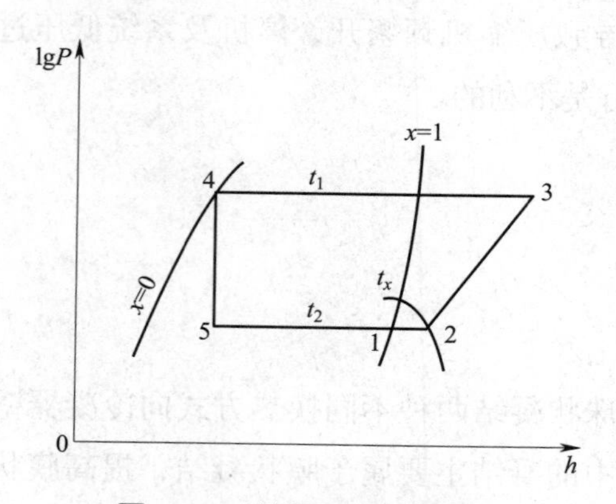

图 1–10　单级压缩制冷循环

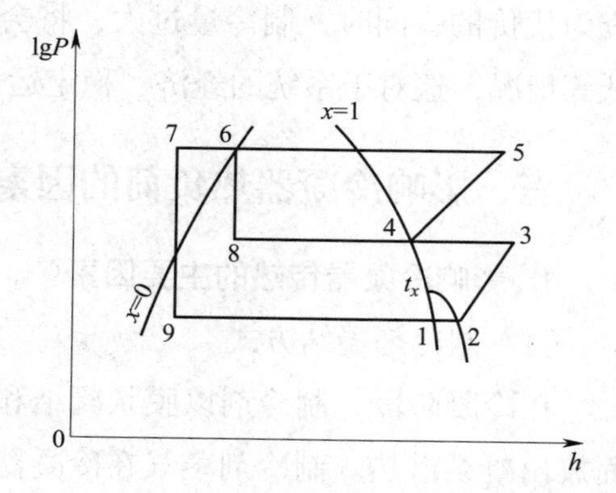

图 1–11　双级压缩制冷循环

双级压缩制冷系统冷凝器热负荷为：

$$\phi_1=q_{mg}（h_5-h_6）$$

式中　ϕ_1——双级压缩制冷系统冷凝器热负荷，kW；

q_{mg}——高压机制冷剂循环量，kg/s；

h_5、h_6——制冷剂进、出冷凝器的比焓，kJ/kg。

3. 冷凝器热负荷与冷却水温、冷却水量的关系

（1）对于水冷冷凝器，在冷却水出水温度、冷却水量一定时，冷却水的进水温度越低，冷却水能带走的冷凝器热负荷越大，能满足越大的冷凝器热负荷要求。较低的冷却水温，通常需要更大的水冷却设备（如冷却塔），或水冷却设备的冷却效率要更高，因此，在确定冷却水温时应综合考虑这些因素。

（2）冷凝器热负荷与冷却水量的关系。对于水冷冷凝器，在冷却水进水温度、出水温度一定时，冷却水的水量越大，冷却水能带走的冷凝器热负荷越大，能满足越大的冷凝器热负荷要求。增大冷却水量虽然能带走更多的冷凝热，但冷却水泵的功率也将随之增大，因此，冷却水量并不是越大越好。

四、根据冷负荷调整制冷压缩机运行台数

1. 制冷压缩机的制冷能力及其调整

由于制冷压缩机的运行工况不同，热负荷不断变化，所以制冷压缩机的制冷量也随之发生变化。操作人员要熟悉每台制冷压缩机在不同工况下的制冷量，并根据制冷系统热负荷的变化调节制冷压缩机的能量调节装置，或者调整压缩机的运行台数。

调整制冷压缩机的主要依据如下。

（1）根据冷间热负荷的大小和蒸发器传热能力的大小，尽量使压缩机的制冷能力和冷却设备的传热能力与冷间的热负荷相适应。

（2）根据压力比调配制冷压缩机

1）对于活塞式制冷压缩机，当压力比（冷凝压力与蒸发压力的绝对压力之比）小于 8 时，应配置单级制冷压缩机。

2）当压力比大于 8 时，选用双级制冷压缩机。当采用双级制冷压缩机时，应优先采用单机双级制冷压缩机，因为配组双级制冷压缩机的电动机功率大，无用功耗较大。

（3）根据不同的蒸发温度配置制冷压缩机。应根据不同的蒸发压力和蒸发温度配置不同的制冷压缩机分别担负降温任务，允许把相近的蒸发温度系统（如 –28 ℃和 –33 ℃）合并成一个系统进行降温。冷藏间和冷却间的蒸发温度虽然相近，但最好由单独制冷压缩机降温，以免热负荷变动时相互影响。同时，

蒸发温度相差较大的系统合并成一个系统也不利于节能。

（4）制冷压缩机要根据库房的冷负荷进行调配。

2. 制冷压缩机制冷量的调整

制冷压缩机的制冷量要根据库房的温度来调整，如冷间刚进货时，制冷剂的蒸发温度从 –33 ℃上升到 –18 ℃左右，此时应先开单级压缩机降温。对于大负荷冷间，可适当增加压缩机的制冷能力，如增加开机台数或使已卸载压缩机上载。

制冷压缩机的制冷量大于冷间热负荷时，应调换制冷量较小的制冷压缩机或利用压缩机上的能量调节装置卸载部分运转。制冷压缩机在运行中，当需与已停止降温的冷间相连通时，必须缓慢地开启调节站的回气阀；同时密切注意回气温度与压力，当吸气温度很低或吸气压力很快上升时，应迅速调整压缩机的吸气阀，防止湿行程。

根据冷负荷调整制冷压缩机运行台数

一、操作准备

1. 生产沟通

对于生产型企业，其产品的种类和产量通常会根据实际的销售订单、季节等进行调整，由此带来了产品的拟入库量发生变化。此时制冷系统冷负荷也应随之变化。为了避免制冷量过大或过小对制冷系统的不利影响，需要根据冷负荷调整制冷压缩机的运行台数。所以，在产品产量发生变化、拟入库量进行调整时，应及时与相关部门沟通，以便对冷负荷的大小有明确的掌握，为调整制冷系统的制冷量做好准备。

2. 检查运行日志

查看当前正在运行的制冷压缩机的运行记录，熟悉当前设备的运行情况，了解冷负荷与运行设备的匹配性，并分析制冷系统的运行趋势。

二、操作步骤

步骤 1　确认当前正在运行的制冷压缩机

根据电控柜上制冷压缩机的运行指示灯亮与否，制冷压缩机的低压表、高压表的指示压力，及用手轻触制冷压缩机感觉其是否振动，确认当前正在运行的制冷压缩机。

步骤 2　检查开停机条件

检查未开机的制冷压缩机，根据开停机操作规程判断是否符合开机条件。

步骤 3　调整冷凝器冷却水量

若增加了制冷压缩机的运行台数，则应增大冷凝器的冷却水量；若减少了制冷压缩机的运行台数，则应减小冷凝器的冷却水量。

步骤 4　调整制冷压缩机运行台数

根据制冷系统的蒸发温度调整制冷压缩机的运行台数。若蒸发温度持续高于所需的蒸发温度，则多启动一台制冷压缩机。运行 5 ~ 10 min 后，若蒸发温度仍高于所需的蒸发温度，则再多启动一台制冷压缩机；反之，则停止一台制冷压缩机，从而使制冷压缩机的运行台数和制冷系统所需的冷负荷相匹配。

步骤 5　检查运行情况

启动制冷压缩机后，应检查其振动、噪声、排气温度、吸气温度、油位等。

步骤 6　记录

记录操作时间，操作人员，调整前运行的制冷压缩机数量、编号，调整后运行的制冷压缩机数量、编号等，最后由操作人员签名。

三、注意事项

每次调整制冷压缩机的运行台数后，均应观察制冷系统蒸发温度的变化，并据此判断是否需要进一步调整运行台数。

学习单元 2　制冷压缩机的能量调节

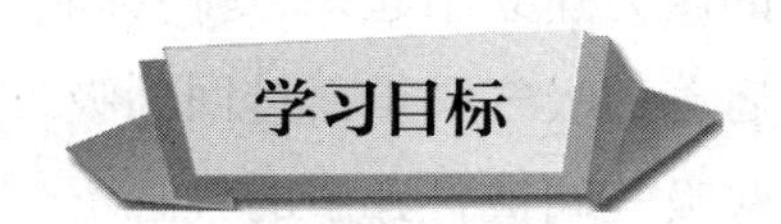

掌握能量调节机构的工作原理和调整要求

能够调节制冷压缩机的制冷量

一、活塞式制冷压缩机的能量调节

1. 能量调节方法

（1）压缩机间歇运行

这种能量调节方法在小型制冷装置中被广泛采用。它通过温度控制器或低压压力控制器自动控制压缩机停机或运行，以适应被冷却空间制冷负荷和冷却温度变化的要求。

当被冷却空间温度或与之对应的蒸发压力达到下限值时，压缩机停止运行；当被冷却空间温度或与之相对应的蒸发压力回升到上限值时，压缩机重新启动投入运行。压缩机间歇运行方式，实质上是使一台压缩机在运行时产生的制冷量与被冷却空间在全部时间内所需制冷量达到平衡。

对于制冷量较大的压缩机，间歇运行使压缩机的开、停比较频繁，进而增加能耗，而且还将导致电网中电流的波动较大。此时可将一台制冷量较大的压缩机改为若干台制冷量较小的压缩机并联运行。当冷量发生变化时，停止一台或几台压缩机的运转，从而使每台压缩机的开、停次数减少，降低对电网的不利影响。这种多机并联间歇运行的方法在冷库被广泛应用。

（2）吸气节流

通过改变压缩机吸气截止阀的通道面积来实现能量调节。当吸气通道面积减小时，吸入蒸气的流动阻力增加，进入吸气腔蒸气的压力降低，蒸气体积增大，质量流量减小，达到能量调节的目的。吸气节流的自动调节可用专门阀门来实现。

（3）顶开吸气阀片

顶开吸气阀片是指采用专门的调节机构将压缩机的吸气阀片强制顶离阀座，使吸气阀在压缩机工作的全过程中始终处于开启状态。在多缸压缩机运行中，如果通过顶开机构使其中某几个气缸的吸气阀一直处于开启状态，那么这几个气缸在进行压缩时，由于吸气阀不能关闭，气缸中的压力建立不起来，排气阀始终打不开，被吸入的气体没有得到压缩就经过开启着的吸气阀重新排回到吸气腔中去。这样，压缩机尽管依然运转着，但是那些吸气阀被打开了的气缸不再向外排气，有效进行工作的气缸数目减少，达到了改变压缩机制冷量的目的。

这种调节方法是在压缩机不停车的情况下进行能量调节的，通过它可以灵活地实现负载或卸载，使压缩机的制冷量增加或减少。另外，顶开吸气阀片调节机构还能使压缩机在卸载状态下启动，这对压缩机是非常有利的。这种调节方法目前在国内四缸以上、缸径 70 mm 以上的系列产品中被广泛采用。

顶开吸气阀片调节法，通过控制被顶开吸气阀的缸数，能实现从无负荷到全负荷的分段调节。如对八缸压缩机，可实现 0、25%、50%、75%、100% 五种负荷；对六缸压缩机，可实现零负荷、1/3 负荷、2/3 负荷和全负荷四种负荷。

压缩机气缸吸气阀片被顶开后，它所消耗的功仅用于克服机械摩擦和气体经吸气阀时的阻力，因此这种调节方法经济性高。

（4）旁通调节

一些采用簧片阀或其他气阀结构的压缩机不便用顶开吸气阀片来调节输气量，有时可采用压缩机排气旁通的办法来调节输气量。旁通调节的原理是将吸、排气腔连通，压缩机排气直接返回吸气腔，实现输气量调节。

图 1–12 所示为在压缩机内部利用电磁阀控制排气腔和吸气腔旁通进行输气量调节的一个实例。受控旁通电磁阀 6 安装在半封闭压缩机（采用组合阀板式气阀结构）气缸盖排气腔上。在正常运转时，电磁阀 6 处在图上所示的关闭位置，一方面堵住管道 5 的下端，另一方面顶开单向阀 8，高压气体通过冷凝器侧通道 1、管道 10 流入控制气缸 3，将控制活塞 7 向右推动，切断通向吸气腔通道 4 与排气腔通道 9 之间的流道，压缩机排气通过排气腔通道 9、单向阀 2、冷凝器侧通道 1 进入冷凝器。旁通调节输气量时，电磁阀 6 开启，单向阀 8 关闭，吸气经管道 5 与控制气缸 3 连通，控制活塞 7 在排气压力作用下推向左侧，排气腔通道 9 与吸气腔通道 4 连通，排气流回吸气腔，达到调节输气量的目的。

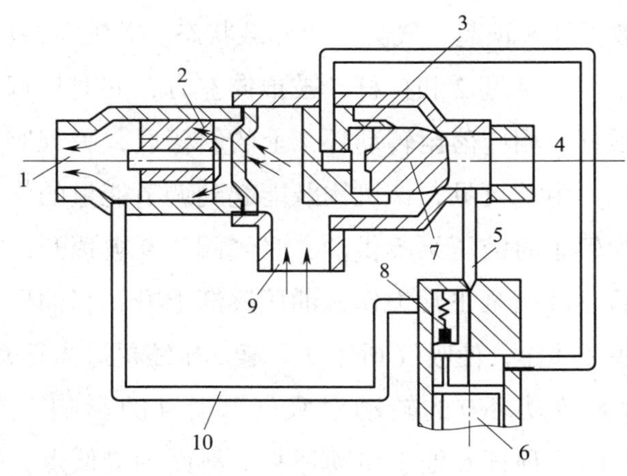

图 1–12 旁通调节装置

1—冷凝器侧通道 2、8—单向阀 3—控制气缸 4—吸气腔通道
5、10—管道 6—电磁阀 7—控制活塞 9—排气腔通道

（5）变速调节

改变原动机的转速从而使压缩机转速变化来调节输气量是一种比较理想的方法，汽车空调用压缩机和双速压缩机均采用这种方法。

2. 能量调节机构

（1）液压缸拉杆顶开机构

这种机构是通过压力油控制拉杆的移动来实现能量调节的，如图 1–13 所示。

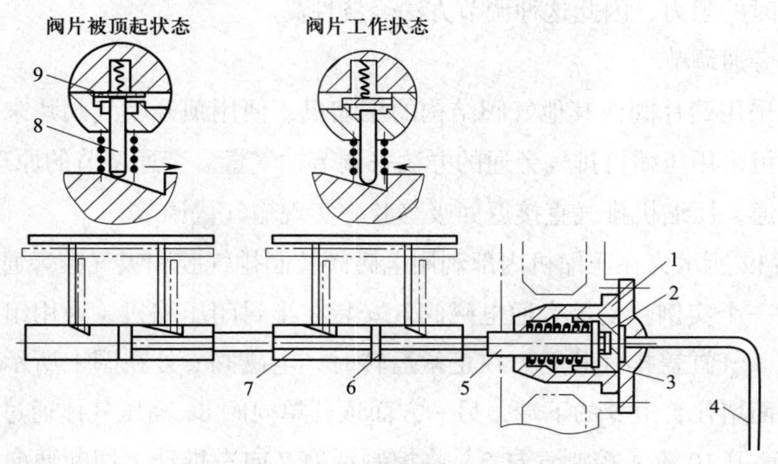

图 1–13　液压缸拉杆顶开机构的工作原理

1—液压缸　2—油活塞　3—弹簧　4—油管　5—拉杆
6—凸缘　7—转动环　8—顶杆　9—吸气阀片

该机构动作时可以使气缸外的转动环 7 旋转，将吸气阀片 9 顶起或使其关闭。液压泵不向油管 4 供油时，因弹簧的作用，油活塞 2 及拉杆 5 处于右端位置，吸气阀片 9 被顶杆 8 顶起，气缸处于卸载状态。若液压泵向液压缸 1 供油，在油压力的作用下，油活塞 2 和拉杆 5 被推向左方，同时拉杆 5 上的凸缘 6 使转动环 7 转动，顶杆 8 相应落至转动环 7 上的斜槽底，吸气阀片 9 关闭，气缸处于正常工作状态。由此可见，该机构既能起到调节能量的作用，也具有卸载启动的作用。因为停车时液压泵不供油，吸气阀片 9 被顶开，压缩机就空载启动；压缩机启动后，液压泵正常工作，油压逐渐上升，当油压力超过弹簧 3 的弹簧力时，油活塞 2 动作，使吸气阀片 9 下落，压缩机进入正常运行状态。

图 1–14 所示为转动环 9 的转动对吸气阀片 4 的影响。当转动环 9 处于图 1–14a 所示位置时，顶杆 6 处于转动环 9 上斜面的最低点，吸气阀片 4 可自由启、闭，压缩机正常工作。当转动环 9 在拉杆推动下处于图 1–14b 所示位置时，顶杆 6 位于斜面的顶部，吸气阀片 4 被顶开，压缩机卸载。

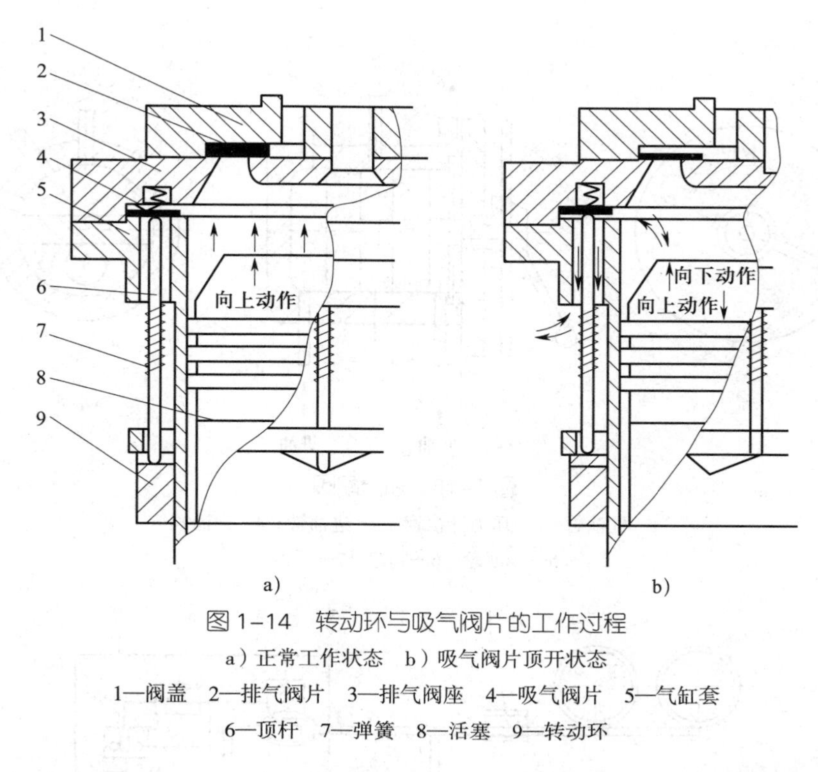

图 1–14 转动环与吸气阀片的工作过程

a）正常工作状态 b）吸气阀片顶开状态

1—阀盖 2—排气阀片 3—排气阀座 4—吸气阀片 5—气缸套

6—顶杆 7—弹簧 8—活塞 9—转动环

在这种液压缸拉杆能量调节机构中，压力油的供给和切断由油分配阀或电磁阀来控制。

1）油分配阀控制。图 1–15 所示为一个八缸压缩机压力润滑系统中的油分配阀（手动）。阀体上有四个配油管 1、一个进油管 3、一个回油管 4 和一个压力计接管 2。四个配油管分别与四对气缸的四个卸载液压缸相连，回油管与曲轴箱相连。阀芯 6 将阀体内腔分隔为回油腔 V_1 和进油腔 V_2，通过手柄 7 转动阀芯，可使配油管与回油腔或进油腔接通。当配油管与回油腔接通时，气缸处于卸载状态；当配油管与进油腔接通时，气缸处于正常工作状态。

图 1–15 中油分配阀刻度盘上有 0、1/4、1/2、3/4、1 五个数字，表示输气量的五个挡位，将操作手柄分别搬到对应挡位，即表示气缸投入工作的对数。

2）电磁阀控制。指利用不同的低压压力继电器操作电磁阀，以控制卸载液压缸的供油油路的通断，如图 1–16 所示。液压泵供应的压力油经节流调节装置后分别接通卸载液压缸 1 和电磁阀 3。如电磁阀关闭，压力油进入卸载液压缸，使油活塞左移，带动气缸套上的转动环转动，气阀顶杆下降，吸气阀片投入正常工作；若电磁阀开启，进油路与回油路相通后阻力很小，压力油必经此通路回至曲轴箱，而卸载液压缸中的油活塞在弹簧力的作用下处于右端位置，这组气阀处于卸载状态。

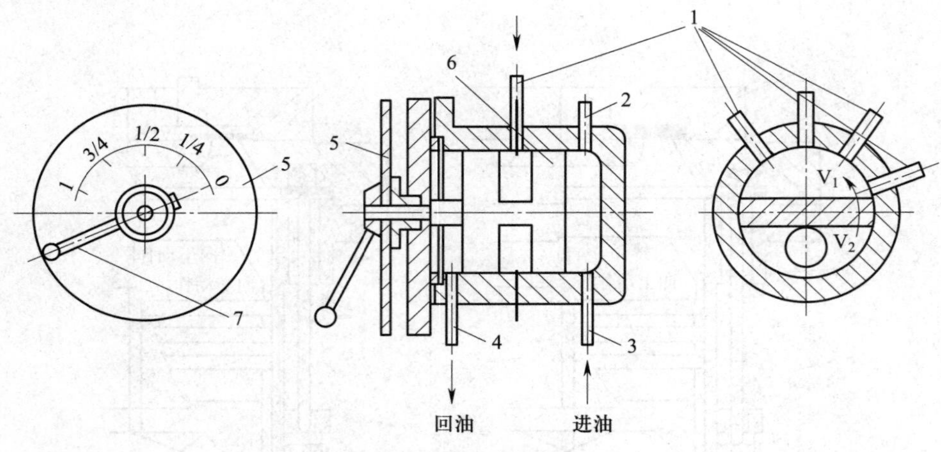

图 1–15　油分配阀

1—配油管　2—压力计接管　3—进油管　4—回油管

5—刻度盘　6—阀芯　7—手柄

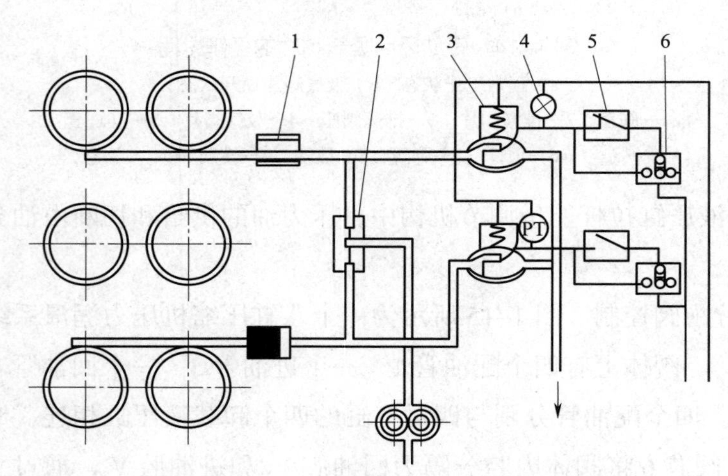

图 1–16　电磁阀控制的能量调节装置

1—卸载液压缸　2—油压节流孔　3—电磁阀　4—指示灯

5—自动开关　6—自动、手动转换

（2）油压直接顶开吸气阀片调节机构

这种调节机构由卸载机构和能量控制阀两部分组成，两者之间用油管连接。卸载机构是一套液压传动机构，它受能量控制阀操纵，及时顶开或落下吸气阀片，达到能量调节的目的。

图 1–17 所示为油压直接顶开吸气阀片调节机构。它利用移动环 6 的上下滑动推动顶杆 3，以控制吸气阀片 1 的位置。当润滑系统的高压油进入环形槽 9 时，由于油压力大于卸载弹簧 7 的弹力，使移动环 6 向下移动，顶杆 3 和吸气阀片 1 也随之下落，气阀进入正常工作状态；当高压油路被切断，环形槽内

的油压消失时，移动环 6 受卸载弹簧 7 的作用向上移动，通过顶杆 3 将吸气阀片 1 顶离阀座，使气缸处于卸载状态。这种机构同样具有卸载启动的特点，且结构比较简单。但由于环形液压缸安装在气缸套外壁上，对加工精度要求较高，所有的 O 形密封圈长期与制冷剂和润滑油直接接触，容易老化或变形，因此造成漏油而使调节失灵。

该机构中压力油的供给和切断可通过自动能量装置控制阀来实现。

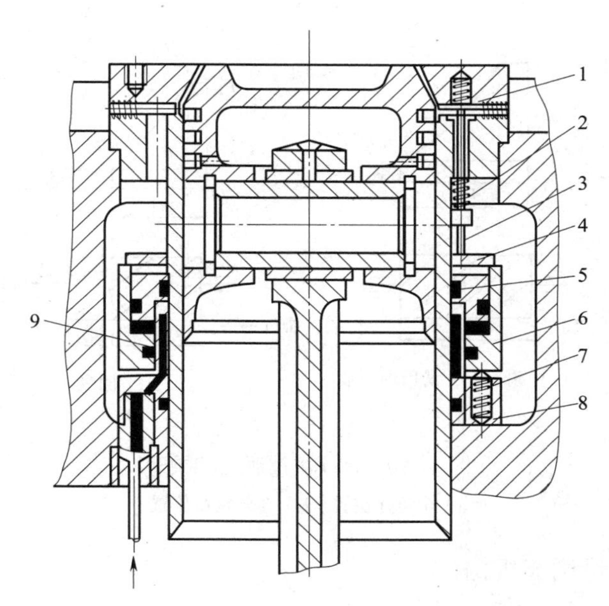

图 1–17　油压直接顶开吸气阀片调节机构

1—吸气阀片　2—顶杆弹簧　3—顶杆　4—上固定环　5—O 形密封圈
6—移动环　7—卸载弹簧　8—下固定环　9—环形槽

二、螺杆式制冷压缩机的调节

1. 滑阀能量调节

（1）滑阀能量调节原理

滑阀调节的基本原理，是通过滑阀的移动，使压缩机阴、阳螺杆齿间容积在齿面啮合线从吸气端向排气端移动的一段时间内仍与吸气口连通，相当于部分气体一直在吸气腔，即滑阀减小了螺杆的有效工作长度，达到了减少输气量进行调节的目的。

图 1–18 所示为滑阀能量调节的原理。图 1–18a 所示为全负荷时的滑阀位置，滑阀的背面与滑阀固定部分紧贴，此时滑阀尚未移动，压缩机运行时工作

容积中的全部气体被压缩后排出。图 1–18b 所示为部分负荷时的滑阀位置，滑阀向排气端方向移动，则旁通口开启，螺杆的有效工作长度相应减小。压缩过程中，工作容积内齿面接触线从吸气端向排气端移动，越过旁通口后工作容积内的气体才能进行压缩，即只能压缩和排出工作容积中的部分气体，其余吸进的气体未进行压缩就通过旁通口进入压缩机的吸气腔，这样输气量就减少，起到了能量调节的作用。

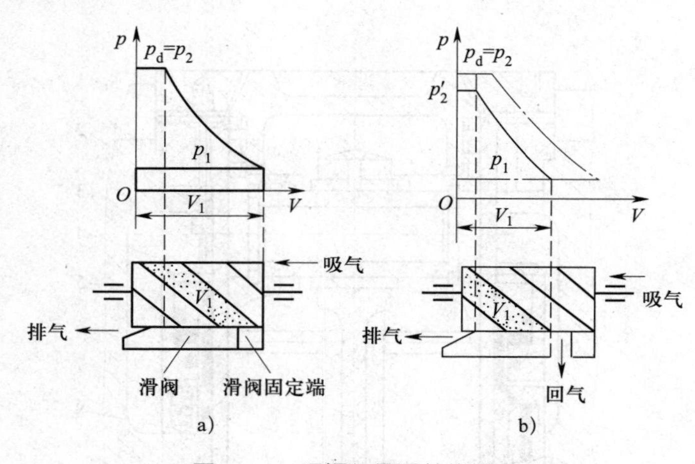

图 1–18　滑阀能量调节的原理

a）全负荷位置　b）部分负荷位置

（2）滑阀能量调节机构

滑阀能量调节机构由执行机构、控制机构和指示机构等部分组成。

1）执行机构。执行机构包括滑阀、滑阀顶杆、油活塞、油缸、压缩弹簧及端座。滑阀如图 1–19 所示，安装于气缸体下部的滑阀移动腔内。它的上部是两个圆弧形状，与机体共同形成“∞”形密封容积，滑阀可以在腔内滑动；下部设置了安装销键的槽，保证在运动过程中不会发生转动。滑阀一端为排气端，另一端与滑阀导管相连。滑阀顶杆如图 1–20 所示，顶杆弹簧如图 1–21 所示。滑阀顶杆一端与滑阀相连，另一端与活塞相连，起传递动力、带动滑阀移动的作用。滑阀顶杆外部套有弹簧，弹簧的一端卡在滑阀上，另一端卡在机体上，在空载时弹簧处于自然状态。滑阀、滑阀顶杆、顶杆弹簧的连接如图 1–22 所示。

油活塞如图 1–23 所示。油活塞安装在能量调节油缸内，中间有一个密封圈，这样就将油缸分成两个封闭的腔室，即上载腔和卸载腔。如果两个封闭腔室压力不同，油活塞就能向压力低的腔室移动，因为它与滑阀导杆连在一起，所以会带动导杆及滑阀移动。

图 1–19　滑阀

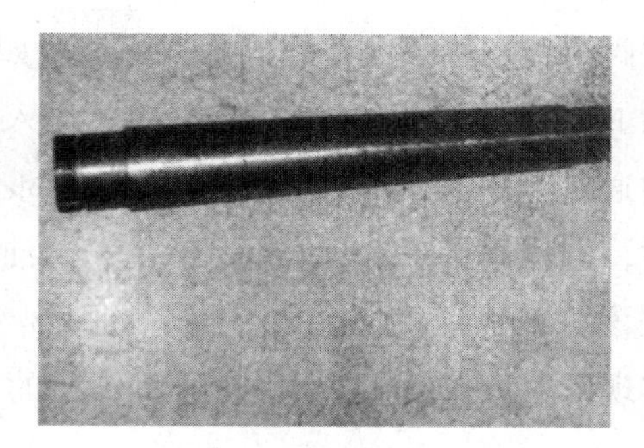

图 1–20　滑阀顶杆

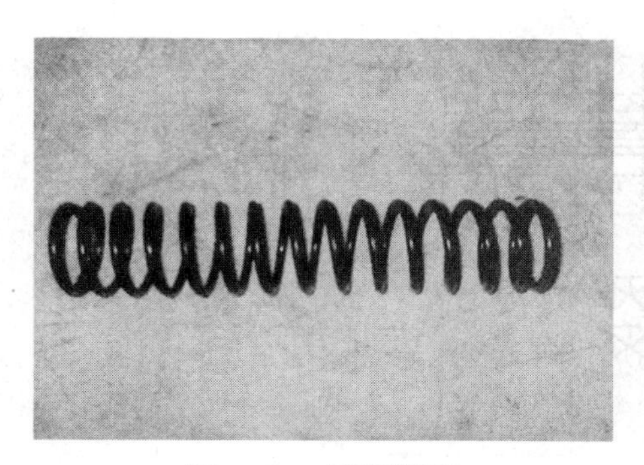

图 1–21　顶杆弹簧

图 1–22　滑阀、滑阀顶杆、顶杆弹簧的连接

图 1–23　油活塞

2）控制机构。滑阀的调节是靠滑阀的移动来实现的，而滑阀的移动是通过控制油活塞的移动推动的，能量调节机构的控制机构就是控制油活塞运动的装置，常用的有四通电磁换向阀组控制和双电磁阀控制。

①四通电磁换向阀组控制。图 1–24 所示为使用四通电磁换向阀组的能量调节控制。电磁换向阀组由两组电磁阀构成，电磁阀 A_1 和 A_2 为一组，电磁阀 B_1 和 B_2 为另一组。每组的两个电磁阀通电时同时开启，断电时同时关闭。电磁换

向阀组控制能量调节滑阀的工作情况如下：将电磁阀 A_1 和 A_2 开启，电磁阀 B_1 和 B_2 关闭，高压油通过电磁阀 A_1 进入油缸右侧，使活塞左移，油活塞左侧的油通过电磁阀 A_2 流回压缩机的吸气部位；当压缩机运转负载增至某一预定值时，电磁阀 A_1 和 A_2 关闭，供油和回油管路都被切断，油活塞定位，压缩机即在该负载下运行。反之，若电磁阀 B_1 和 B_2 开启，电磁阀 A_1 和 A_2 关闭，即可实现压缩机减载。这种情况下，滑阀的上下载是在油压差的作用下完成的。

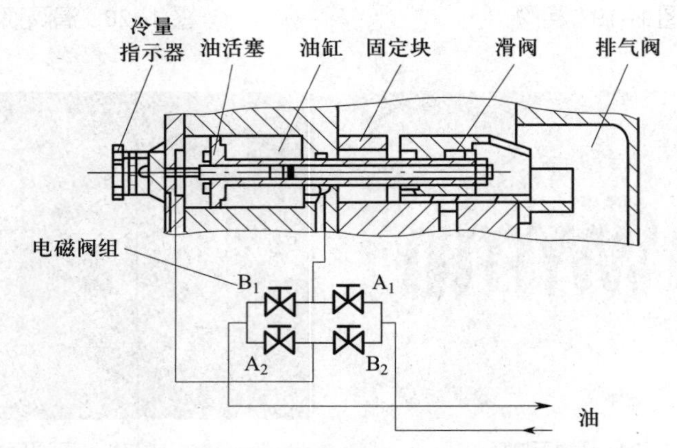

图 1–24　使用四通电磁换向阀组的能量调节控制

四通电磁换向阀组有增载和减载两个线圈。与阀相通的有四条油管，分别是进油管、增载油管、减载油管和回油管，如图 1–25 所示。进油管与油泵出口相通，增载油管和减载油管分别与能量调节油缸体的增载腔和减载腔相通，回油管接到压缩机的吸气低压端。四通电磁阀在无线圈得电时，其油管是两两相通的。若增载线圈得电，则其进油管与增载油管相通，同时减载油管与回油管相通；若减载线圈得电，则其进油管与减载油管相通，同时增载油管与回油管相通。

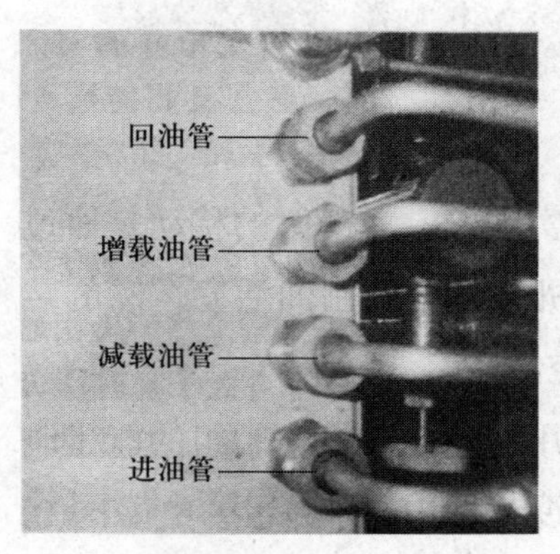

图 1–25　能量调节机构的油管

②双电磁阀控制。图 1–26 所示为双电磁阀控制，当压缩机增载时，增载电磁阀开启，减载电磁阀关闭，高压油进入油缸，推动油活塞，使滑阀与滑阀固定端之间的开口减小，从而增大螺杆的有效工作长度，提高压缩机的输气量。减载过程则相反。

3）指示机构。压缩机的载位与滑阀的位置有关系，由于滑阀安装在压缩机内部，在检测

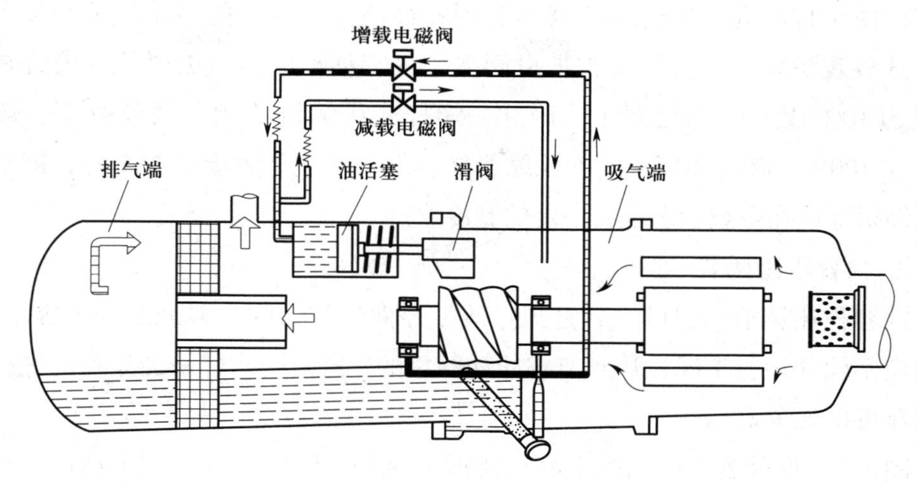

图 1–26　双电磁阀控制

压缩机载位时不可能监测到滑阀的位置，所以若要检测压缩机的负荷，还需要其他部件（螺旋导管、喷管导杆等）将滑阀的直线运动转变为旋转运动，并用指针表示出来。通过移动滑阀就可以改变螺杆的有效工作长度，即达到能量调节的目的。螺杆式压缩机滑阀能量调节机构将上述各个部件连接起来组成一个完整的能量调节装置，工作时按增载按钮，高压油由电磁阀进油接头进入，然后从电磁阀增载接头流出进入油活塞后腔，此时油活塞前腔与电磁阀减载接头相通，并通过电磁阀回油接头与吸气端座上的回油接头相通，由于油活塞后腔压力大于前腔压力，在压力差的作用下，油活塞向前腔运动，通过滑阀导管带动滑阀后移，实现增载。减载工作过程则与此过程相反。

（3）自动型机组的能量调节控制

在自动型机组中，可编程控制器根据冷冻水出水温度与设定水温（或吸气压力与设定压力）的偏差，以及出水温度（压力）的变化率，计算出增载或减载的频率和持续时间，控制增载电磁阀或减载电磁阀的开、关，通过油压驱动滑阀至所要求的工作位置，实现能量调节的目的。

可编程控制器完成实时检测、控制计算、调节输出，形成闭环控制，使机组控制更精确、稳定、可靠。当温（压）差较大时，增载电磁阀或减载电磁阀的动作时间较长且频率较高；而当温（压）差很小时，增载电磁阀或减载电磁阀很长时间才动作一次，这样既能保证出水温度稳定，又能延长电气元件的使用寿命。

在压缩机卸载过程中，滑阀向排气端移动，如果滑阀移动至完全零载位状态，由于排气孔口与低压旁通口相通，会使排气腔中的高压气体倒流，为防止这种现象发生，实际上常把滑阀向排气端移动的实际极限位置设置在排气量为10%或15%的位置上。因此，螺杆式压缩机的能量调节范围一般为10% ~ 100%。启动螺杆式制冷压缩机时，发现吸气压力会很快下降，就是由于压缩机即使在空载状态也有一定的制冷量。

2. 内容积比调节

内容积比调节的目的，就是通过改变径向排气口的位置来改变内容积比，以适应不同的运行工况，达到节省能耗的目的，这对带有经济器运行的螺杆压缩机显得更为重要。

图1–27所示是滑阀无级内容积比调节机构。图中输气量调节滑阀1和内容积比调节滑阀3都能左右独立移动。输气量调节滑阀1同油活塞7连成一体，通过油孔6和8进出油推动油活塞7，实现输气量调节滑阀1左右移动；而油孔5进出油是使作用在油活塞4上的油压力与弹簧力的合力差推动内容积比调节滑阀3左右移动。在进行内容积比调节时，设有径向排气孔口的输气量调节滑阀1向左移动，则排气孔口缩小，此时，内容积比调节滑阀3也必须向左移动，紧靠输气量调节滑阀1。在进行输气量调节时，输气量调节滑阀1向左移动，内容积比调节滑阀3则通过油孔5放油而脱离输气量调节滑阀1，造成两滑阀有一定间距，制冷剂气体在两滑阀之间旁通。由上述分析可知，输气量调节滑阀1的移动可以无级调节输气量和卸载启动，而输气量调节滑阀1和内容积比调节滑阀3联动可以进行无级内容积比调节。

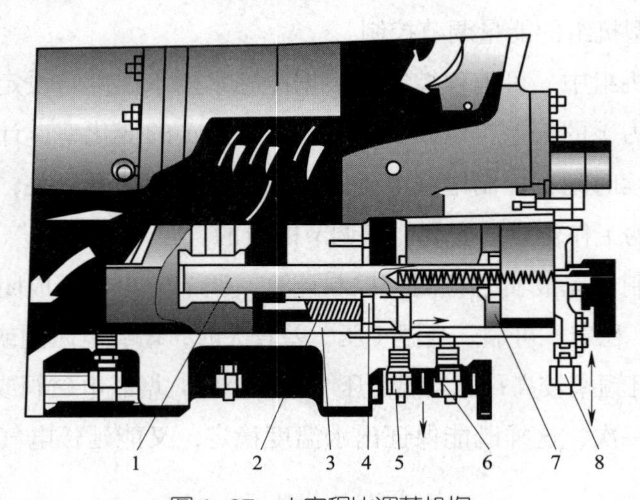

图1–27　内容积比调节机构

1—输气量调节滑阀　2—弹簧　3—内容积比调节滑阀　4、7—油活塞　5、6、8—进出油孔

3. 塞柱阀调节

螺杆式制冷压缩机输气量调节的另一种方法是采用多个塞柱阀调节，如图 1–28 所示。

图 1–28 中有两个塞柱阀，当需要减少输气量时，将塞柱阀 1 打开，基元容积内部分制冷剂气体回流到吸气口。当需要输气量继续减少时，则再将塞柱阀 2 打开。塞柱阀的启、闭是通过电磁阀控制液压泵中油的进、出来实现的。塞柱阀调节输气量只能实现有级调节，图中调节负荷仅为 75% 和 50% 两挡。这种调节方法通常应用在小型、紧凑型螺杆式压缩机中。

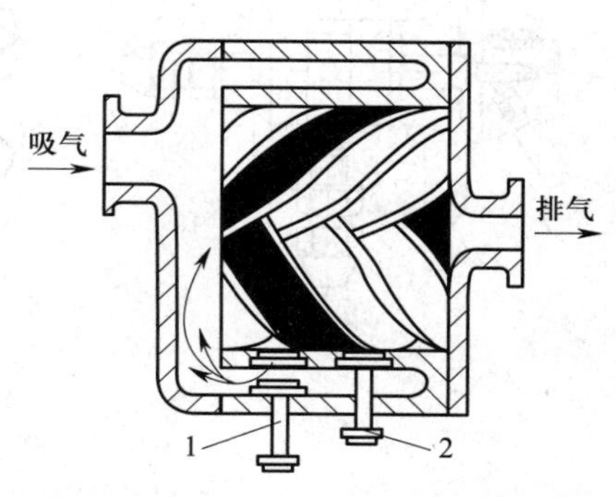

图 1–28 塞柱阀的输气量调节原理

1、2—塞柱阀

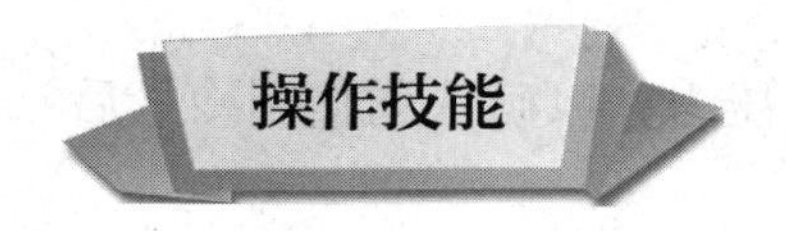

调节制冷压缩机的制冷量

下面以通过油分配阀（输气量控制阀）进行能量调节的氨开启式制冷压缩机为例，说明调节其制冷量的操作方法。

一、操作准备

在检查巡视过程中，根据制冷系统所需制冷量的大小，对制冷压缩机的制冷量进行调整。检查制冷压缩机的吸气压力（大致为制冷系统的蒸发压力），若明显低于正常的工作压力，则需对制冷压缩机减载；反之要加载。

二、操作步骤

步骤 1　调节手柄位置

（1）若需对制冷压缩机减载，则转动油分配阀上的手柄，使其指向刻度盘上数值更小的位置。对于图 1–29 所示的油分配阀，即顺时针方向转动手柄。如当前手柄所指的位置为“3/4”，减载时顺时针转动手柄至“2/4”位置。

（2）若需对制冷压缩机加载，则向刻度盘上数值更大的方向转动手柄。

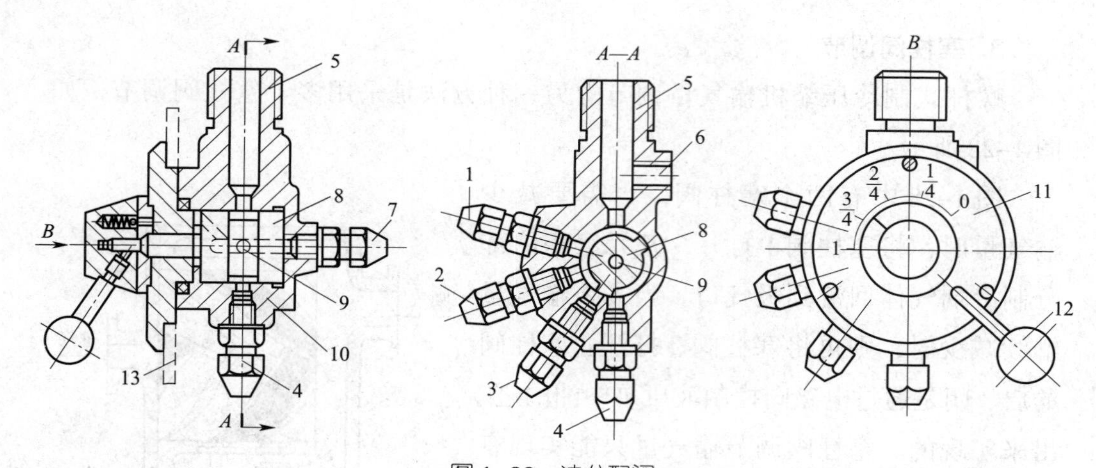

图 1–29　油分配阀

1、2、3、4—配油管接头　5—进油管接头　6—压力表管接头
7—回油管接头　8—阀芯　9—回油孔　10—阀体
11—刻度盘　12—手柄　13—仪表盘

步骤 2　监视制冷压缩机运行情况

（1）减载或加载后，应监视制冷压缩机的吸气压力，以确认调整制冷量后制冷压缩机的运行情况。

（2）减载后制冷压缩机运行 30 min，若其吸气压力仍明显低于正常的工作压力，则再次对制冷压缩机减载，直至吸气压力稳定于正常工作压力附近。

（3）加载后制冷压缩机运行 30 min，若其吸气压力仍明显高于正常的工作压力，则再次对制冷压缩机加载，直至吸气压力稳定于正常工作压力附近。

步骤 3　记录

记录操作时间、操作人员、被调节的制冷压缩机编号、调整前后油分配阀的位置等，最后由操作人员签名。

三、注意事项

每次调整只允许转动手柄一格，如手柄当前位置为“3/4”，减载时只能调整到“2/4”位置，不允许一下子调整到“1/4”位置。并且每次调整后均应观察制冷压缩机的运行情况（如吸气压力等），做到观察与调整相结合，直至把吸气压力调整到稳定于正常工作压力附近。

学习单元3 调 整 油 压

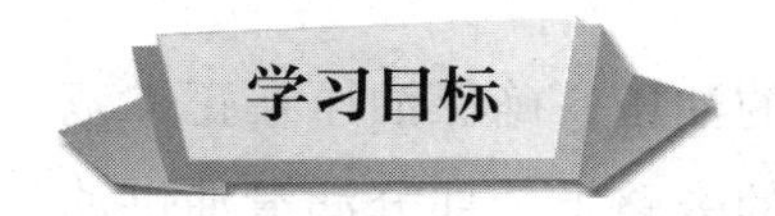

了解油压调节的必要性
熟悉油压调节阀的工作原理
能够调整油压调节阀

一、油压调节的必要性

润滑油在制冷压缩机中所起的作用，归纳起来可分为三个方面，即减小摩擦、带走摩擦产生的热量和磨屑、密封。

由于摩擦需要输入更大的轴功率，因而轴效率降低，能耗增加；摩擦使摩擦表面磨损，过度的磨损破坏了相对运动表面之间的合理间隙，影响了机组的正常工作。通过注入润滑油减小各运动副（如轴承滚动体和内外圈、活塞式压缩机的活塞和气缸、螺杆式压缩机的阳螺杆和阴螺杆、轴封组件的动环和静环等）的摩擦，使机器的磨损减少、能耗降低。

摩擦产生的热量使零件温度升高，若温度升高太多，润滑油的黏度会降低到允许范围以外，从而破坏油膜的承载能力，甚至在零件的局部高温区油会炭化，影响零件的正常运动。有些零件受热后体积膨胀，严重的情况下运动副会被卡住。注入润滑油后，热量被润滑油带走，可保证运动副有合理的温度水平。

在制冷压缩机中，润滑油的密封作用主要是对泄漏通道的密封。活塞式制冷压缩机活塞与气缸的间隙是缸内气体泄漏的主要通道，位于活塞与气缸壁之间的润滑油有助于阻止气体向曲轴箱中泄漏。螺杆式压缩机的阳螺杆和阴螺杆运转啮合，对制冷剂气体进行压缩，螺杆齿顶与转子腔体内壁的间隙是主要泄漏通道，润滑油喷入螺杆中有助于阻止气体在齿间泄漏。采用开式结构的制冷压缩机，轴端必须使用轴封组件，避免润滑油和制冷剂气体泄漏到空气中。轴封通常采用润滑油进行密封并带走摩擦副的摩擦热。

润滑油在制冷压缩机中要完成以上任务，必须维持正常的油温和油压。油温的保证由油冷却器等散热器完成，而油压的保证则由油泵和油压调节阀及合理的管路完成。

二、油压调节阀的作用

油压调节阀用于调节制冷压缩机润滑系统中的油压，确保油压在正常范围内。通常油压调节阀设置在压缩机供油主管路的旁路上，部分润滑油供油通过油压调节阀回流，由油压调节阀调节回流油量达到控制供油压力的目的。油压调节阀调节的是阀进出口的压力差，不同压缩机调节阀的前后压力接口不同。

活塞式制冷压缩机润滑方式主要有飞溅润滑和压力润滑两种。飞溅润滑运用于小型压缩机，压力润滑运用于中型和大型压缩机。压力润滑采用油泵润滑，通常在油泵出口的供油管上设置油压调节阀（见图 1–30），此时油压调节阀调节的是供油压力和曲轴箱的压差。有的活塞式制冷压缩机的油压调节阀内置在压缩机内部，设置在油润滑路径的末端，只有压缩机拆开维护或维修时才可调节。

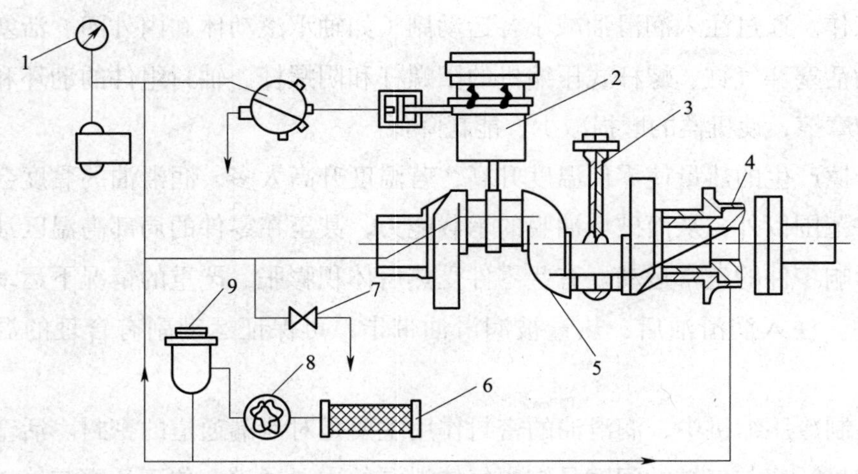

图 1–30　典型活塞式制冷压缩机油系统

1—油压表　2—活塞　3、5—连杆　4—轴封室　6—粗过滤器

7—油压调节阀　8—油泵　9—细过滤器

螺杆式制冷压缩机润滑方式主要有无油泵润滑、按需求润滑和全时润滑。无油泵润滑方式，压缩机润滑驱动力来自压缩机吸气和排气的压差。按需求润滑方式，在压缩机启动阶段开启油泵进行预润滑，压缩机启动后油泵的运转与否取决于油压是否过低。全时润滑则是油泵在压缩机启动阶段和整个运行期间

均保持运转。如图 1–31 所示，油压调节阀安装在油泵出口和油分离器之间，油泵进口压力来自油分离器，近似于排气压力，所以油压调节阀调节的是供油压力和排气压力的压力差。

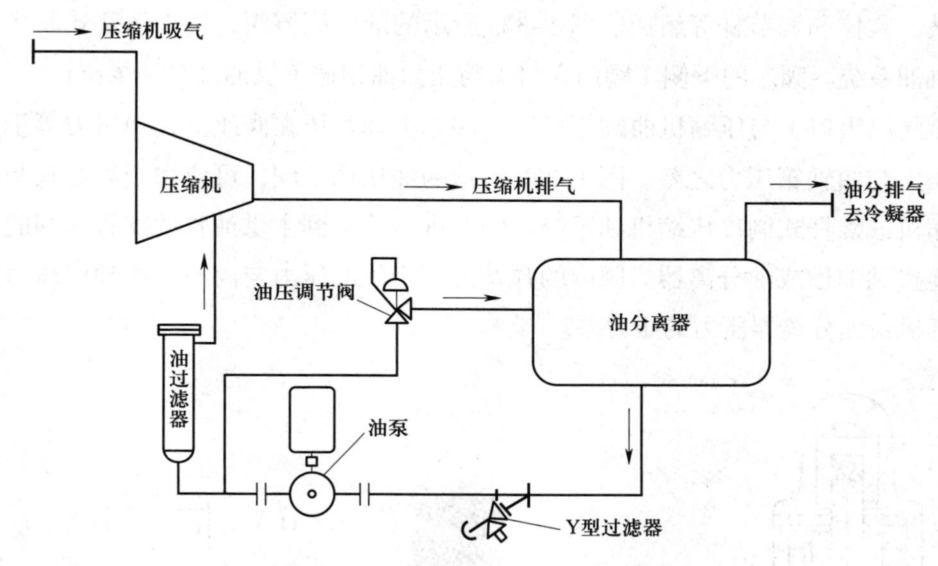

图 1–31 油压调节阀—螺杆式制冷压缩机组

离心式制冷压缩机的润滑方式是油泵全时润滑。在压缩机启动阶段和运行阶段，油泵均保持运转；此外压缩机还需要后润滑，即停机后的一定时间内仍保持油泵运转润滑状态。如图 1–32 所示，油压调节阀安装于油泵出口供油管和油槽之间，调节的是油泵出口压力和油槽压力的压力差。

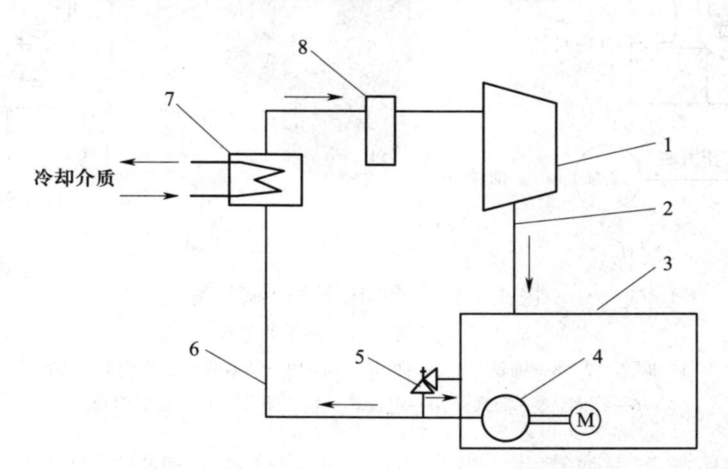

图 1–32 油压调节阀—离心式制冷压缩机组

1—压缩机 2—回油管 3—油槽 4—油泵 5—油压调节阀 6—供油管 7—油冷却器 8—油过滤器

三、油压调节阀的工作原理

油压调节阀主要采用内置弹簧调整阀门开启度。典型的油压调节阀由阀芯、弹簧、阀体和调节杆等组成。图 1-33a 所示的油压调节阀，用于活塞式制冷压缩机油系统。阀芯的下侧（阀门入口）与压力油相通（供油来自油泵出口），右侧（阀门出口）与压缩机曲轴箱相通。阀芯由弹簧压在阀座上，弹簧力等于供油压力与曲轴箱压力之差。图 1-33b 所示的油压调节阀，可应用于离心式制冷压缩机或螺杆式制冷压缩机油系统。阀的进口连接到主供油管的支管，阀的出口连接到油槽或油分离器。阀内的弹簧力等于供油压力与离心机组油槽压力或螺杆机组油分离器压力的压力差。

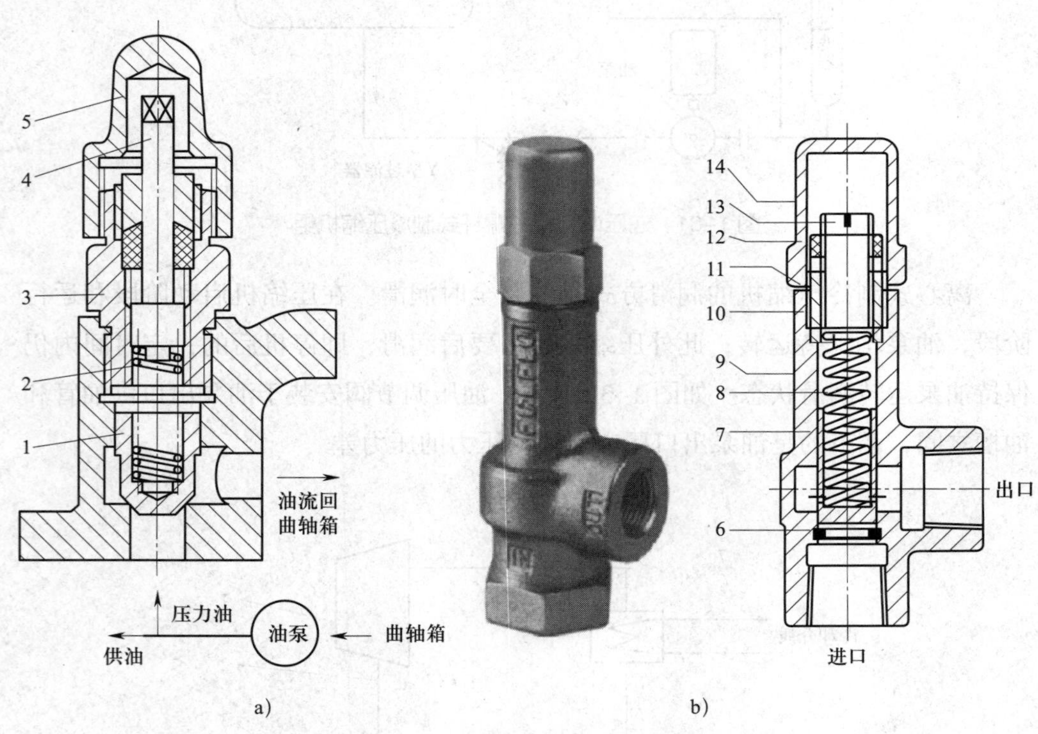

a）　　b）

图 1-33　不同类型的油压调节阀

a）油压调节阀 1　b）油压调节阀 2

1—阀芯　2、8—弹簧　3、9—阀体　4、13—调节阀杆　5、14—阀帽

6—挡圈　7—活塞　10—定位环　11—垫片　12—锁紧螺母

由于油压差等于弹簧力，当曲轴箱、油槽或油分离器压力相对稳定，而压缩机供油管的供油压力有升高趋势时，供油管支管上油压调节阀内弹簧被压缩收紧，油压调节阀的阀芯开度增大，供油管的润滑油通过调节阀回流到曲轴箱、

油槽或油分离器的流量增大，使供油管上油压下降，从而使油压重新趋于稳定。

通过调整油压调节阀弹簧松紧度，可以达到调节供油压力的目的。按顺时针或逆时针方向旋转图 1–33a 中的阀杆，或图 1–33b 中的调节螺杆，使弹簧力增大或减小，就能增大或减小制冷压缩机的供油压力。

另外，使用调节阀可避免油泵出口憋压，防止油泵损坏。

四、油压调节阀的调整方法

1. 读取油压（油压差）数据

（1）制冷压缩机上装有油压差表，从油压差表上可直接读取润滑油压力和吸气压力的差值。

（2）安装了油压传感器和吸气压力传感器的制冷压缩机，可分别读取传感器读数。

（3）没有压力表或传感器的制冷压缩机则需要外接压力表。调整油压时应从油压测压口连接压力表。

2. 调整油压

（1）如油压偏低，顺时针旋转阀杆或调节螺杆，增大弹簧力，减小阀芯开启度，使调节阀的回流量减少，达到增高油压的目的。

（2）如油压偏高，沿逆时针方向旋转阀杆或调节螺杆，减小弹簧力，增大阀芯开启度，使调节阀的回流量增大，达到降低油压的目的。

（3）调整过程中应同时观察油压表和吸气压力表的读数，确认油压（油压差）达到调整目标。

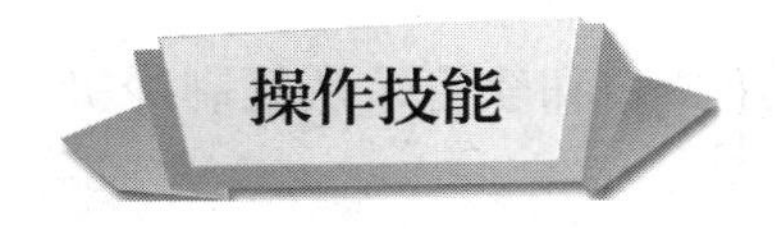

油压的调整

以活塞式制冷压缩机组为例说明油压的调整。

一、操作准备

1. 查看运行日志

查看运行日志中的油压项目，确认当前运行的制冷压缩机的油压情况。

2. 工器具准备

根据制冷压缩机组和油压调节阀的不同，需要准备活动扳手、内六角扳手、压力表、测压软管等。

压力表精度应不低于 1.6 级，量程应大于目前实测压力的 1.5 ~ 2.0 倍。

测压软管用于连接压缩机测压口和压力表，应保证软管最高工作压力高于实测压力。考虑到测压口可能采用顶针阀，测压软管应选用其中一端可以打开顶针阀的接口。

二、操作步骤

步骤 1　确认油压

（1）有压力显示的制冷机组，观察并读取制冷压缩机上油压表所指示的油压力值和低压表所指示的低压压力值。

（2）无压力显示的制冷机组，应分别在压缩机油压测量口和低压测量口测量压力。

（3）确认油压差值是否在正常范围内。正常的油压差值一般为 0.05 ~ 0.35 MPa，具体要求应参考机组手册或厂家技术要求。

步骤 2　调整

根据油压调节阀差异可能存在操作差异。对于图 1–32 所示的油压调节阀，旋下阀帽，用活动扳手旋转阀杆（或调节螺杆）。若油压偏低，则沿顺时针方向旋转阀杆以增大油压；反之则沿逆时针方向旋转阀杆以减小油压。每次调节时应不超过半圈，每次调节后应观察油压表和低压表数值 1 min 以上，确认调节效果。未达设定要求时应继续调整阀杆，直到符合油压差要求。

步骤 1 中需要实测压力的，在调整完毕后拆下压力表和软管，恢复制冷机组测压口原状态。

步骤 3　记录

记录操作日期、操作人员、调整油压调节阀的制冷压缩机编号、调整前后油压值和低压值，并签名以存档。

学习单元 4　调整时间继电器

熟悉时间继电器在制冷系统中的应用
熟悉时间继电器的工作原理
了解时间继电器的图形符号和接线图
能够调整时间继电器

一、时间继电器在制冷系统中的应用

时间继电器是用来实现延时控制的电气元件，在制冷系统中常应用在以下三个场合。

1. 制冷压缩机降压启动中的延时切换

制冷压缩机采用电动机驱动时，通常采用三相异步电动机。启动时，接到三相定子绕组上的电压始终为额定电压（如 380 V、3 kV、6 kV、10 kV 等）时，是全压启动方式，也称直接启动方式。全压启动时，电动机对配电线路有高达 7 ~ 8 倍的冲击电流。当配电线路供电变压器容量不足时，电动机全压启动过程中的冲击电流在短时间内会在线路上造成较大的电压降，从而使负载端的电压降低，影响邻近负载的稳定运行。电动机启动时，接到定子绕组上的电压越低，启动电流越低。因此当电网容量不足以支持电动机全压启动时，应采用降压启动。

对于制冷压缩机的降压启动，常见的有星三角启动、电抗启动、自耦降压启动、软启动器启动、变频启动等。无论哪一种降压启动方式，都需要从启动模式切换到运行模式，时间继电器在降压启动中可以控制从降压启动到全压运行的切换时间。比如三相异步电动机采用星三角启动方式，电动机定子绕组星形接法启动，电流为全压启动时的 1/3。电动机星形启动并达到额定转速后，通过时间继电器的控制，定子绕组接法转换为三角形运行。又如自耦降压启动方式，在启动时采用自耦变压器对电动机定子电压进行降压，启动完毕再将自耦变压器切出，定子绕组在额定电压运行。从启动到自耦变压器的切出用时，采用时间继电器进行控制。

2. 除霜控制

在冷库中，蒸发器在库内降低和维持库温。当蒸发器表面温度达到或低于库内湿空气露点温度时，湿空气中的水分会析出并凝结在换热管外壁上，当换热管壁温度低于 0 ℃时，析出的凝结水会在换热管表面结霜，换热管表面的霜层会使蒸发器的换热性能恶化。换热管表面霜层的额外热阻会导致换热器传热温差增大，为了维持库温，需要更低的制冷剂蒸发温度，导致制冷系统的单位制冷量下降，系统运行经济性变差，甚至由于蒸发压力过低，制冷压缩机触发低压保护故障，系统运行不稳定。另外，霜层会减小甚至堵塞空气流通的通道，增大空气流动阻力。

当制冷系统蒸发器采用定时除霜时，可使用时间继电器控制除霜开始和结束时间，或设置除霜持续时间。

3. 压缩机启停的延时控制

在使用启停制冷压缩机的方式控制空间温度或工艺参数等应用场所，为避免压缩机频繁启停，可使用时间继电器控制，如控制空间温度。当空间温度低于停机设定值，且持续一段时间（如使用时间继电器设定延时 1 min）后，停机时间继电器延时动作，发出压缩机停机信号；压缩机停机后，制冷剂将停止蒸发制冷，空间温度逐渐回升，当空间温度高于启动设定值且持续一段时间（如使用时间继电器设定延时 1 min）后，启动时间继电器延时动作，发出压缩机启动信号。

二、时间继电器的工作原理

时间继电器是电气控制系统中一个非常重要的元器件，在许多控制系统中，需要使用时间继电器来实现延时控制。时间继电器是一种利用电磁原理或机械动作原理来延迟触头闭合或分断的自动控制电器。其特点是自吸引线圈得到信号起，至触头动作中间有一段延时。一般来说，时间继电器的延时性能在设计范围内是可以调节的，从而方便调整它的延时时间。

选用时间继电器时应注意其线圈（或电源）的电流种类和电压等级，并按控制要求选择延时方式、触点形式、延时精度以及安装方式。

1. 时间继电器的分类

（1）按工作原理分类

按工作原理的不同，时间继电器可分为空气阻尼式、电子式、电动式和电磁式等。

1）空气阻尼式时间继电器。空气阻尼式时间继电器如图 1–34 所示。它是利用空气通过小孔时产生阻尼的原理获得延时的。其结构由电磁系统、延时机构和触头系统三部分组成。电磁机构为双口直动式，延时机构采用气囊式阻尼器，触头系统为微动开关。

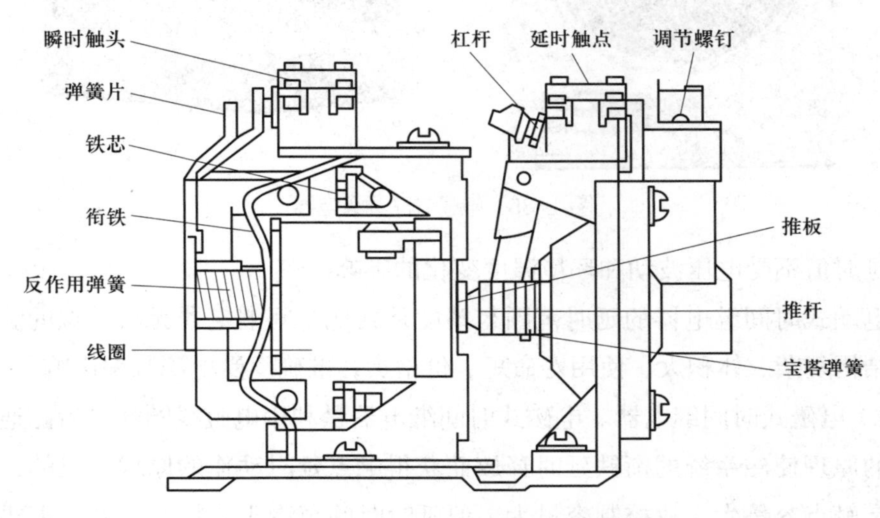

图 1–34　空气阻尼式时间继电器的结构

空气阻尼式时间继电器延时范围较宽（0.4 ~ 180 s），不受电压和频率波动影响；结构简单，使用寿命长，价格低；但通常延时误差大，精度整定难，易受环境温度、尘埃的影响。

2）电子式时间继电器。电子式时间继电器如图 1–35 所示，主要分为晶体管式和数字脉冲式。晶体管式可分为通电延时型、断电延时型和带瞬动触点的通电延时型。它们均是利用 RC 电路充放电原理构成延时的。数字式时间继电器采用数字脉冲计数电路，相较于晶体管式时间继电器来说，延时范围更宽，精度更高，主要用于各种需要精确延时和延时时间较长的场合。这类时间继电器功能特别强，有通电延时、断电延时、定时吸合、循环延时四种延时形式和十几种延时范围供用户选择，这是晶体管时间继电器不可比拟的。

电子式时间继电器的特点是延时范围广，精度高，体积小，耐冲击振动，调节方便，使用寿命长，目前在自动控制领域应用广泛。

3）电动式时间继电器。电动式时间继电器是利用微型同步电动机带动减速齿轮系获得延时的。其特点是延时范围宽（可达 72 h），延时准确度可达 1%，

图 1–35　电子式时间继电器

同时延时值不受电压波动和环境温度变化的影响。

电动式时间继电器的延时范围与精度是其他时间继电器无法比拟的。其缺点是结构复杂、体积大、使用寿命短、价格贵，准确度受电源频率影响。

4）电磁式时间继电器。电磁式时间继电器是利用电磁线圈断电后磁通缓慢衰减的原理使磁系统的衔铁延时释放而获得触点延时动作的原理制成的，它的特点是触点容量大，故控制容量大，但延时时间范围小，精度稍差，主要用于直流电路的控制中。

（2）按延时方式分类

根据延时方式的不同，时间继电器又可分为通电延时型和断电延时型两种。

1）通电延时型时间继电器在获得输入信号后即开始延时，需待延时完毕其执行部分才输出信号以操纵控制电路；当输入信号消失后，继电器立即恢复到动作前的状态。

2）断电延时型时间继电器恰恰相反，当获得输入信号后，执行部分立即有输出信号；而在输入信号消失后，继电器却需要经过一定的延时才能恢复到动作前的状态。

2. 空气阻尼式时间继电器的工作原理

（1）通电延时型空气阻尼式时间继电器的工作原理

图 1–36 所示是通电延时型空气阻尼式时间继电器的工作原理。当线圈通电后衔铁吸合，活塞杆在宝塔弹簧作用下带动活塞及橡皮膜向上移动，橡皮膜下方空气室的空气变得稀薄而形成负压，活塞杆只能缓慢移动，其移动速度由

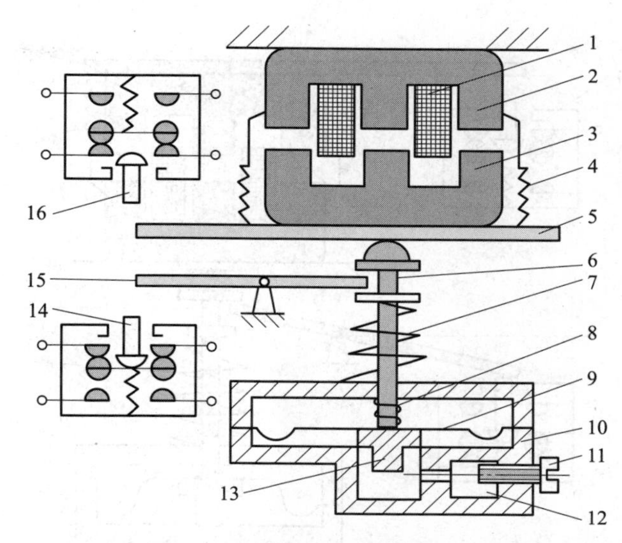

图 1-36　通电延时型空气阻尼式时间继电器的工作原理

1—线圈　2—铁芯　3—衔铁　4—反力弹簧　5—推板　6—活塞杆　7—宝塔弹簧
8—弱弹簧　9—橡皮膜　10—空气室壁　11—调节螺杆　12—进气孔
13—活塞　14—微动开关 SQ1　15—杠杆　16—微动开关 SQ2

进气孔大小来决定。经过一段时间延时后，活塞杆通过杠杆压动微动开关 SQ1 使其动作，达到延时的目的。当线圈断电时，衔铁释放，橡皮膜下方空气室的空气通过活塞肩部所形成的单向阀迅速排放，使活塞杆、杠杆、微动开关 SQ1 迅速复位。通过调节进气阀气隙大小就可改变延时时间长短。图中的微动开关 SQ2 与微动开关 SQ1 不同。线圈得电或失电时，衔铁迅速动作带动推板推动 SQ2，所以它是瞬动开关，即线圈得电时触头迅速动作，线圈失电后触头迅速复位。

（2）断电延时型空气阻尼式时间继电器的工作原理

图 1-37 所示是断电延时型空气阻尼式时间继电器的工作原理。当线圈通电后衔铁吸合，带动活塞杆使活塞及橡皮膜向下移动，橡皮膜下方空气室的空气通过活塞肩部所形成的单向阀迅速排放，使活塞杆、杠杆、微动开关 SQ2 迅速动作。当线圈断电时，衔铁释放，活塞杆在宝塔弹簧作用下带动活塞及橡皮膜向上移动，橡胶膜下方空气室的空气变得稀薄而形成负压，活塞杆只能缓慢移动，其移动速度由进气孔大小来决定。经过一段时间延时后，活塞杆通过杠杆压动微动开关 SQ2 使其复位，达到延时的目的。通过调节进气阀气隙大小就可改变延时时间长短。图 1-37 中的微动开关 SQ1 和图 1-36 中的微动开关 SQ2 一样，是瞬动开关。

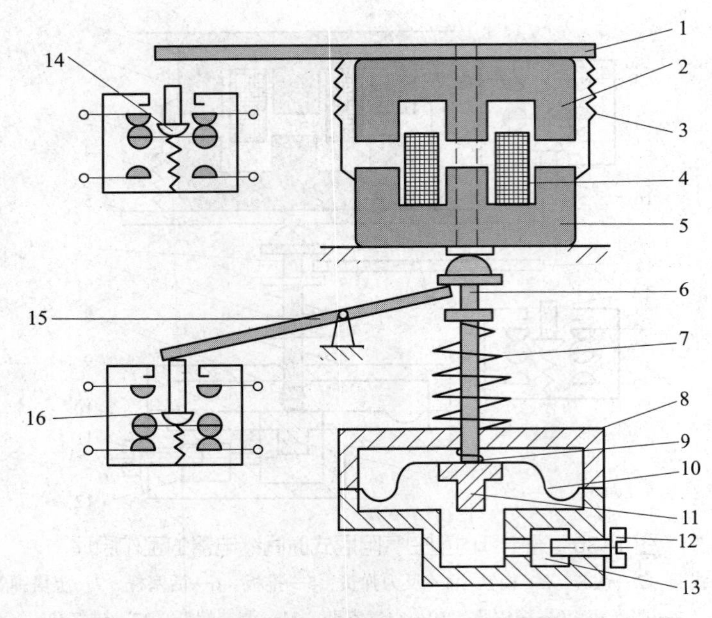

图 1–37　断电延时型空气阻尼式时间继电器的工作原理

1—推板　2—衔铁　3—反力弹簧　4—线圈　5—铁芯　6—活塞杆　7—宝塔弹簧　8—空气室壁　9—弱弹簧　10—橡皮膜　11—活塞　12—调节螺杆　13—进气孔　14—微动开关 SQ1　15—杠杆　16—微动开关 SQ2

三、时间继电器的图形符号和接线图

1. 时间继电器的图形符号

时间继电器的图形符号如图 1–38 所示。

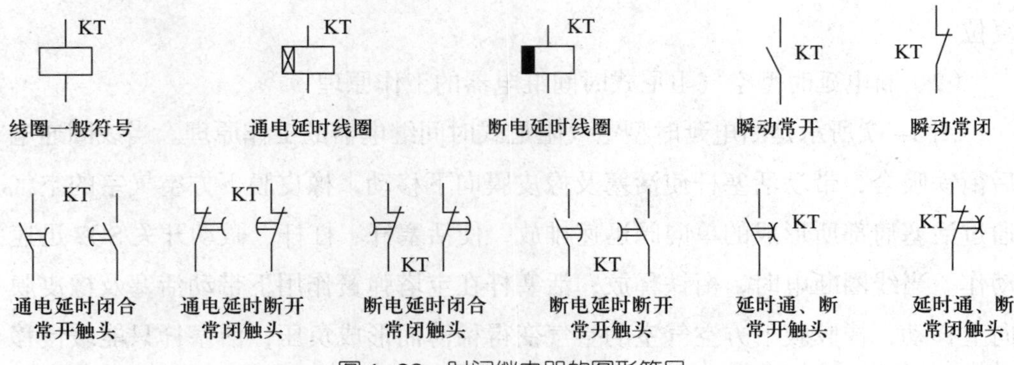

图 1–38　时间继电器的图形符号

2. 时间继电器的接线图

如图 1–39 所示，电子式时间继电器的壳体上一般都有接线图。根据图示和实物中接线端子编号，图 1–39c 中，2 和 7 为继电器线圈接线端，1 和 3 是通电瞬动常开触点，1 和 4 是通电瞬动常闭触点，5 和 8 是通电延时断开常闭触点，6 和 8 是通电延时接通常开触点。

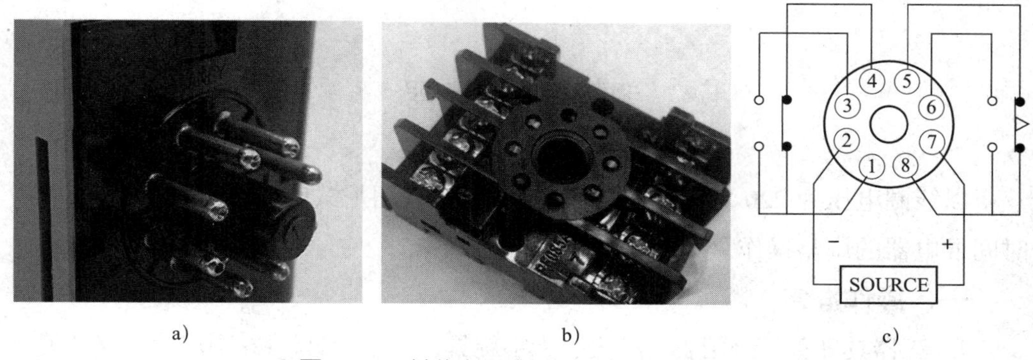

图 1–39　某款电子式时间继电器的接线图

a）继电器针脚　b）继电器底座　c）继电器底座接线图

空气阻尼式时间继电器的触头处也会标识出触头类型，按类型和需要的接线方式匹配接线即可。如图 1–40 所示的 JS 型时间继电器，顶部两侧共有四副触头，分别是两副通电延时闭合常开触头、两副通电延时断开常闭触头。

四、时间继电器的使用和调整

1. 空气阻尼式时间继电器的调整

参考图 1–34 所示空气阻尼式时间继电器的结构，可以通过旋转调节螺钉来调整空气阻尼式时间继电器的延时时间，沿顺时针方向旋转调节螺钉可延长延时时间，反之则可缩短延时时间。

2. 电子式时间继电器的调整

电子式时间继电器的延时时间可通过调节旋钮来调整，沿顺时针方向调节可延长延时，反之则可缩短延时。由于电子式时间继电器通常有较为精确的刻度盘指示，所以调节方便。

图 1–40　JS 型时间继电器接线图

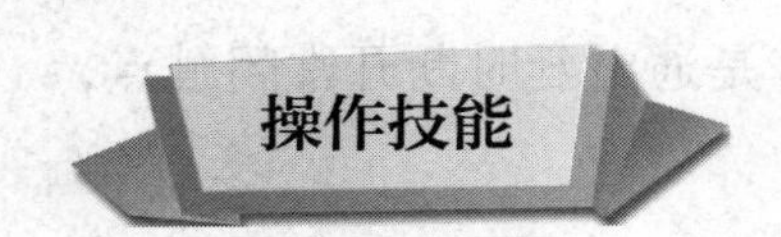

调整时间继电器

以线圈电压为 220 V/50 Hz 的通电延时型空气阻尼式时间继电器为例，说明时间继电器的调整操作。

一、操作准备

1. 工器具准备：万用表、秒表、十字旋具、一字旋具、C6 型双片空气开关。

2. 测试时需要准备一路 220 V AC 电源。

二、操作步骤

步骤 1　时间继电器接线

（1）切断电源。使用万用表测量电源，确认电源已断开。

（2）时间继电器线圈接线。如图 1–41 所示，220 V AC 电源接线端子的火线和零线端，分别连接双片空气开关上端的两个接口，便于灵活地对时间继电器停送电；双片空气开关下端的两个接口连接时间继电器的线圈。万用表的两支表笔分别连接时间继电器的通电延时断开触点。

步骤 2　测试动作时间

打开万用表，用电阻挡测量延时断开触点。电源合闸，然后继电器线圈合闸。线圈合闸的同时启动秒表进行计时，当万用表显示的电阻值从零变为无穷大的瞬间停止计时，此时间即为延时断开触点动作的延时时间，即动作时间。

步骤 3　调整动作时间

若步骤 2 测得的延时时间过短（如期望的延时时间为 15 s，而测得的延时时间为 5 s），需沿顺时针方向旋转调整螺钉，方法是对电源进行断电，然后适当沿顺时针方向旋转调整螺钉，再按步骤 2 方法测量延时时间。如此反复直至时间继电器的延时时间达到要求的设定值。

步骤 4　断电，拆除接线，恢复时间继电器

断开电源，使用万用表测量确认电源已断开。拆除临时供电接线。

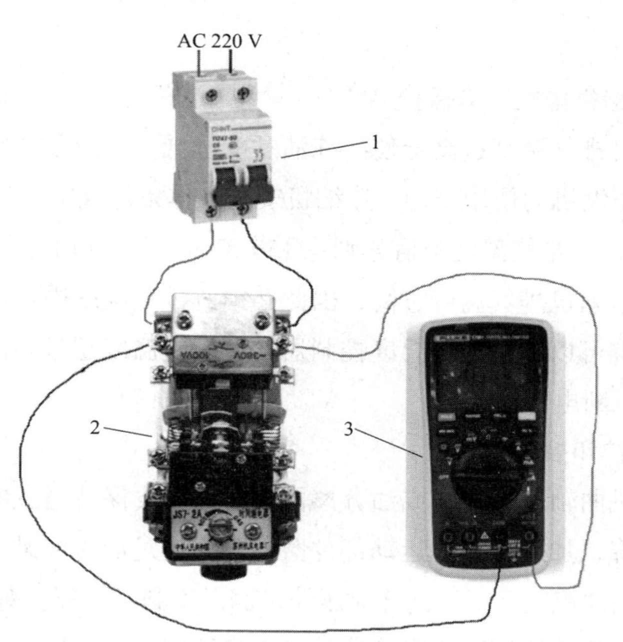

图 1–41 用于测试通电延时断开触点的时间继电器接线

1—空气开关 2—时间继电器 3—数字式万用表

（注：此图仅为示意图，不代表实物比例）

学习单元 5 调整温度控制器

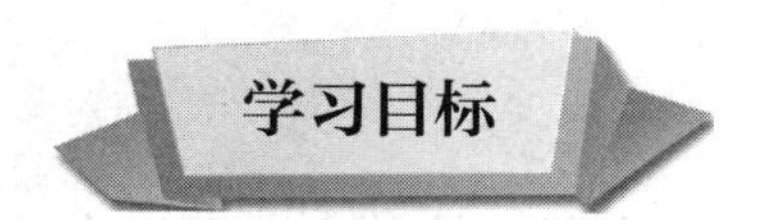

熟悉机械式温度控制器的作用、工作原理及调整方法

熟悉电子式温度控制器的工作原理和功能

能够调整温度控制器

一、温度控制器的作用

温度控制器简称温控器，是受温度信号控制来推动其内部电触点通与断的一种电开关，在制冷系统中常用作温度保护或温度的双位控制（开或关的信号控制），如制冷压缩机排气温度保护、油温保护和控制，冷库的库温控

制等。

1. 制冷压缩机排气温度保护

制冷压缩机排气温度过高会使冷冻油黏度过低，润滑条件恶化，冷冻油可能结焦，影响压缩机的使用寿命。压缩机安全工作条件规定，对 R717、R22 和 R502 制冷剂的最高排气温度限值分别是 150 ℃、145 ℃和 125 ℃。制冷系统出现异常会导致压缩机排气温度过高，因此必须对排气温度进行保护，避免运行事故。制冷系统可以选用排气温度控制器，在排气温度超过限值时，温度控制器使制冷压缩机断电停机。

2. 油温保护和控制

制冷压缩机曲轴箱、油槽或油分离器中的油需要保持适宜的温度。温度过高时油黏度下降，加速压缩机运动部件磨损。温度过低时油黏度可能过高，在压缩机运行初期油流量下降，同样对压缩机润滑不利。另外，对于氟利昂系统，油温过低时，停机阶段制冷剂在冷冻油中大量溶解，启动后冷冻油进入压缩机后将形成泡沫，不利于压缩机轴承等部位的润滑；而且压缩机油槽“跑油”风险加大，容易导致油位低故障。为了避免以上不利影响，通常在油槽设置加热器，压缩机停机阶段对油槽进行加热，使冷冻油保持合适的温度，从而保持合适的黏度，并避免溶解过多的制冷剂。为此需要用温度控制器控制油槽油温，给温度控制器设定一个合适的控制温度，当油温低于该设定温度时持续加热，高于该设定温度一定偏差值时控制加热器停止加热。

另外，还可以用油温控制器执行油温保护，运行阶段油温超过限值时，温度控制器断开压缩机电源使其停机。

3. 冷库和冷藏系统的温度调节

温度控制器可用于控制如冷库和冷藏系统的库温或室温，控制方式可以有多种。

（1）控制蒸发器前的供液电磁阀开关

当库温低至温度控制器设定值时，温度控制器发出停机信号，使电磁阀停止工作，蒸发器停止供液，达到停止制冷的目的；库温回升到一定温度后，温度控制器发出工作信号，电磁阀重新工作，蒸发器恢复供液又开始制冷。通过调整温度控制器的设定值可以达到不同的温度控制要求。

（2）控制制冷压缩机启停

温度控制器也可用于控制制冷压缩机启停，比如冷库设计库温为 −18 ℃，可设置为库温降低到 −19 ℃时停止压缩机并切断蒸发器供液，库温回升到 −17 ℃时启动压缩机并开始供液。

4. 融霜控制

一般在冷库和冷藏系统中，换热器表面需要根据结霜情况进行融霜。融霜的方式通常有人工融霜（喷水或清扫等）、电加热融霜、制冷剂热气融霜。采用电加热或热气融霜时，可以在换热器壁面安装温度控制器监控融霜情况。可以采用时间继电器设定融霜时间和周期，也可以采用温度控制器或温度控制器结合时间继电器来控制融霜。比如采用设定开始融霜时间，由温度控制器控制结束融霜的方式，融霜开始后换热器壁面温度开始上升，达到温度控制器设定温度（通常高于 7 ℃）后，温度控制器动作，发出融霜结束信号。

二、温度控制器的工作原理

在制冷系统中，多采用机械式控制器对指定对象进行保护或控制，下面以机械式温度控制器为例说明温度控制器的工作原理。

常用机械式温度控制器有金属膨胀式温度控制器、压力式温度控制器等。

1. 金属膨胀式温度控制器

图 1–42 所示为突跳式双金属温度控制器，是将膨胀系数不同的双金属片作为热敏感反应组件，当产品主件温度升高时所产生的热量传递到双金属片上，达到动作温度设定值时迅速动作，通过机构作用使触点断开或闭合，达到断开或接通电路的目的；当温度下降到复位温度设定值时，双金属片迅速恢复原状。通过自动复位或手动复位，可使触点恢复原状态。

2. 压力式温度控制器

（1）压力式温度控制器的温度设定

压力式温度控制器通过密闭的内充感温工质的温包和毛细管，把被控温度的变化转变为空间压力或容积的变化，达到温度设定值时，通过弹性元件和快速瞬动机构，自动关闭触头，以达到自动控制温度的目的。

压力式温度控制器实现对温度的双位控制，发出开关信号，控制的是温度的上限值和下限值。上限值和下限值的差值，是温度控制器的幅差值。

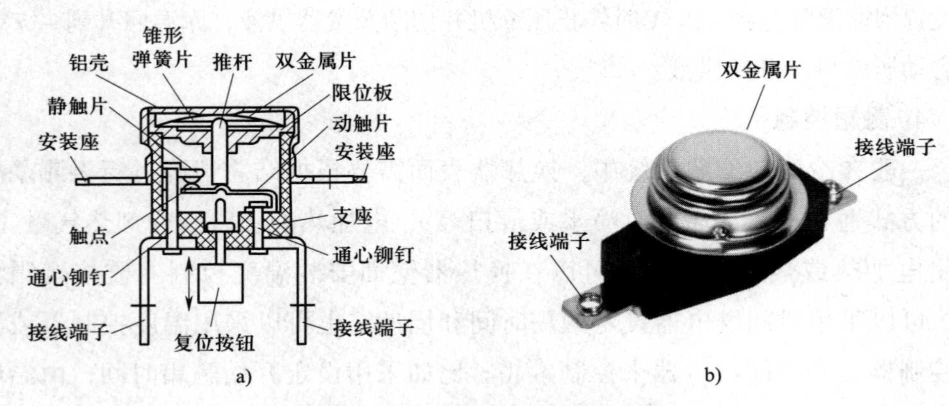

图 1–42　突跳式双金属温度控制器

a）双金属温度控制器结构图　b）双金属温度控制器实物图

需要注意的是在温度控制器的温度设定刻度盘上设定温度值时，有上限值和下限值的区别。刻度盘上设定的是上限值的，下限值是上限值减去幅差值。如保护排气温度过高的温度控制器，需设定 90 ℃时高温停机，70 ℃时恢复开机，则刻度盘上温度设定值为 90 ℃，幅差值为 20 ℃。刻度盘上设定的是下限值的，上限值是下限值加幅差值。如库温控制用的温度控制器，需设定 –18 ℃时低温保护停机，–15 ℃时恢复制冷，则刻度盘上温度设定为 –18 ℃，幅差值为 3 ℃。

温度控制器的设定值可调，幅差值有可调和不可调两种。

（2）压力式温度控制器的分类和特点

压力式温度控制器按温包内工质的充注方式，分为充气型、充液型和气体吸附型。

1）充气型。温包内充注少量液体，温度变化引起液体蒸发或重新冷凝。其特点是温度响应快，能迅速传递压力；适用于低温；温包必须处于温控系统最冷位置，才能确保正确反应。

2）充液型。感温液体充注量能使温度控制器工作时波纹管室、毛细管和小部分温包中充液。温包处于温控系统的最暖位置，适用于高温控制。

3）气体吸附型。充入过热气体和固态吸附剂（如活性炭）。其特点是温度范围广，温度控制反应慢。

（3）常用压力式温度控制器

1）WTZK–50 型温度控制器。WTZK–50 型温度控制器主要由感温系统和调节机构两部分组成。

感温系统如图 1–43 所示。在由温包、毛细管和波纹管所组成的密封感温系统内充注了工质（如 R12、R22 等对温度敏感的物质）。当温包感受到被测温度变化时，温包内的工质压力随着温度变化，这个压力作用在波纹管上，使波纹管伸长或缩短，从而推动传动杆输出一个位移信号 ΔL。

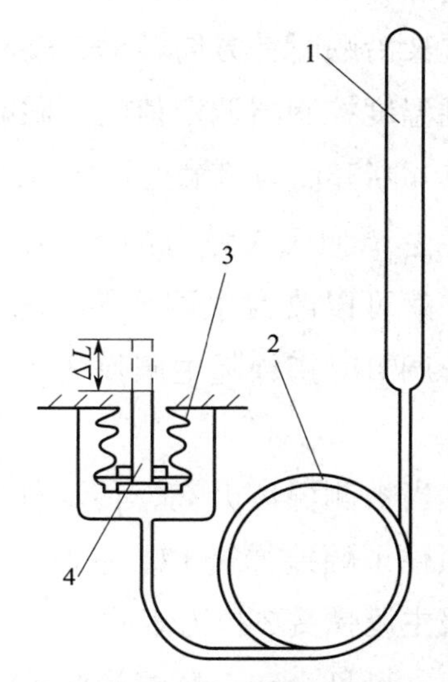

图 1–43　温度控制器感温系统

1—温包　2—毛细管　3—波纹管　4—传动杆

WTZK–50 型温度控制器的结构原理如图 1–44 所示。波纹管输出的位移信号通过传动杆 15 对杠杆 12 产生一个力矩，与主调弹簧 3 作用于杠杆 12 的力矩在刀支架 11 上相平衡。当被测温度升高时，感温包 1 和波纹管室 16 内压力增大，传动杆 15 向上的力矩增大，当传动杆 15 的力矩大于主调弹簧 3 的力矩时，杠杆 12 沿逆时针方向转动，压住幅差弹簧 17。若被测温度继续升高到调定值的上限，传动

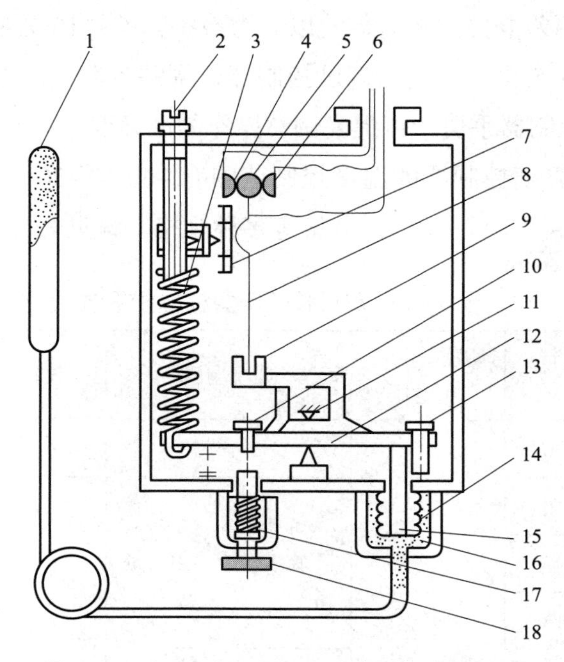

图 1–44　WTZK–50 型温度控制器的结构原理

1—感温包　2—调节杆　3—主调弹簧　4、6—静触点　5—动触点　7—标尺
8—跳簧片　9—拨臂　10—螺钉　11—刀支架　12—杠杆　13—止动螺钉
14—波纹管　15—传动杆　16—波纹管室　17—幅差弹簧　18—幅差旋钮

杆 15 的顶力矩大于主调弹簧 3 的拉力矩与幅差弹簧 17 的顶力矩之和，杠杆 12 继续传动，带动跳簧片 8 左移，动触点 5 与静触点 6 断开，与静触点 4 接通，发出温度上限信号；若被测温度下降，传动杆 15 的顶力矩也下降，杠杆 12 绕刀支架沿顺时针方向转动，转动量小时不足以使跳簧片 8 动作，只有被测温度降到温度控制器调定值的下限时跳簧片 8 动作，带动动触点 5 右移，使之与静触点 4 断开而与静触点 6 接通，发出温度下限信号。

主调弹簧 3 弹力的大小，决定了温度控制器的下限动作值。转动调节杆 2 就可以改变主调弹簧 3 的预紧力，也就是改变了温度控制器的下限温度值。调节时指针随主调弹簧 3 上下移动，在标尺 7 上可以直接指示出下限温度值。

当被测温度升高，传动杆 15 顶动杠杆 12 沿逆时针方向转动一段距离后，便顶住了幅差弹簧 17，这时触点还没有变化，而杠杆 12 要继续转动，在继续克服主调弹簧 3 拉力矩的同时，还必须克服幅差弹簧 17 的顶力矩，才能使触点变位。可见，转动幅差旋钮 18 调节幅差弹簧 17 的弹力，可改变上限动作温度值（改变幅差）。值得注意的是，幅差旋钮 18 上右 0 ~ 10 格的刻度，每格并不代表 1 ℃，而是幅差分挡的相对数，以 0 为最小幅差，10 为最大幅差，一般幅差可调范围为 3 ~ 5 ℃。不同的温度控制器，幅差刻度对应的幅差调整范围应参考对应的温度控制器手册，可提高调整操作的准确度。

WTZK–50 型温度控制器的温度控制范围有 –60 ~ –30 ℃、–40 ~ –10 ℃、–25 ~ 0 ℃、–15 ~ 15 ℃、10 ~ 40 ℃等多种规格，详见表 1–2。

表 1–2　WTZK–50 型温度控制器规格　　（单位：℃）

<table>
<tr><th>序号</th><th>设定值调节范围</th><th>切换差调节范围</th><th>环境温度</th><th>设定值误差</th><th>重复性误差</th></tr>
<tr><td>1</td><td>−60 ~ −30</td><td rowspan="6">3 ~ 5</td><td>−25 ~ 55</td><td>± 4</td><td rowspan="6">2</td></tr>
<tr><td>2</td><td>−40 ~ −10</td><td rowspan="3">高于被控温度 3，最低不低于 −25，最高至 55</td><td rowspan="5">± 2</td></tr>
<tr><td>3</td><td>−25 ~ 0</td></tr>
<tr><td>4</td><td>−15 ~ +15</td></tr>
<tr><td>5</td><td>10 ~ 40</td><td>−25 ~ 55</td></tr>
<tr><td>6</td><td>40 ~ 80</td><td>−25 至低于被控温度 3，最高至 55</td></tr>
</table>

续表

序号	设定值调节范围	切换差调节范围	环境温度	设定值误差	重复性误差
7	60 ~ 100	3 ~ 5	−25 ~ 55	±3	3
8	80 ~ 120				
9	110 ~ 150		5 ~ 55		
10	130 ~ 170				

2）RT4 型温度控制器。RT4 型温度控制器如图 1–45 所示。当被测温度升高时，温包及波纹管内的压力值升高，这时顶杆的顶力大于主调弹簧的弹簧力，顶杆上移，使微动开关动作；当温度下降到下限值时，主调弹簧推动顶杆下移，微动开关复位。微动开关的动作是由顶杆力和主调弹簧的弹簧力比较的结果决定的。调节主旋钮改变主调弹簧的弹簧力，就可以改变控制器微动开关动作时的温度值。该温度值可以从刻度盘上读出，它指示的数值是所需的控制范围的下限温度值。转动幅差调节旋钮，改变调节盘上微动开关传动杆的行程，可以改变幅差。

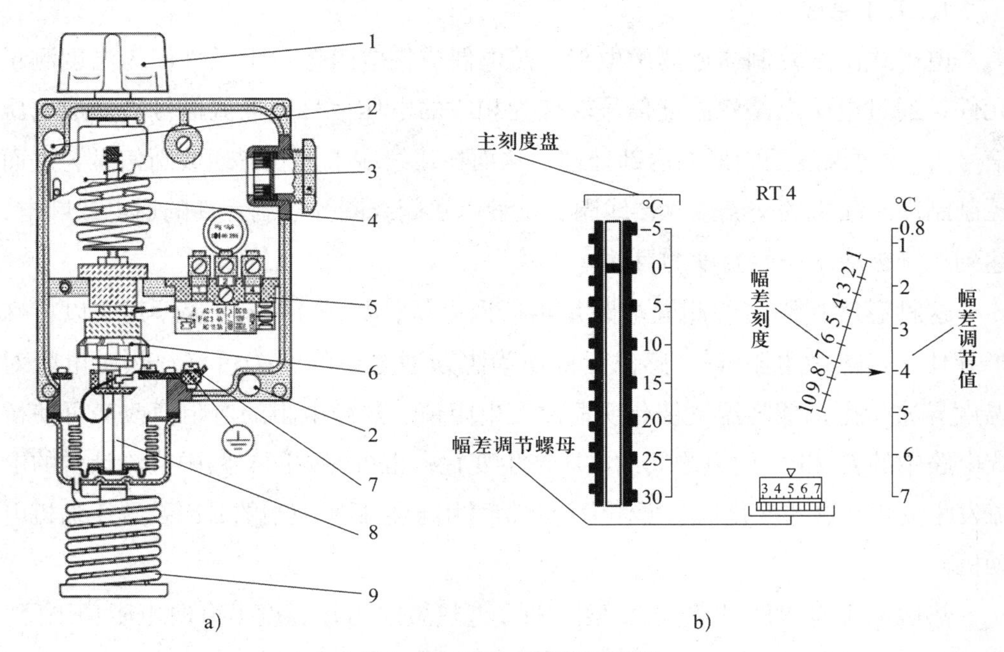

图 1–45 RT4 型温度控制器

a）结构原理 b）幅差调节原理

1—调节旋钮 2—安装孔 3—主刻度盘 4—主调弹簧 5—微动开关

6—幅差调节螺母 7—接地端子 8—顶杆 9—螺旋管感温包

三、温度控制器的调整方法

温度控制器的调整包括温度设定值的调整和幅差的调整，二者结合可获得所需的温控范围。

温度设定值有设定刻度盘，顺时针调节温度调节旋钮或螺钉可调高温度设定值；反之，沿逆时针方向旋转可调低温度设定值。幅差设置也有刻度盘，一般为0 ~ 10格，调节应参考厂家手册，才能将幅差刻度值和期望幅差对应。

四、电子式温度控制器

机械式温度控制器有灵敏度不足、稳定性差的缺点。

电子式温度控制器被广泛应用于自动化制冷系统中，除了具有常规的温度控制功能外，还可以集成除霜控制、蒸发器风扇控制等控制功能。它采用热电阻、热敏电阻或热电偶作为测温元件，测温元件连接到控制器后转化为温度电信号，实时显示当前温度值，可设定和调节控制值。

1. 工作原理

电子式温度控制器用热敏电阻、热电偶或铂电阻等热阻元件作为温度测量元件，通过电子电路将温度信号转变为相应的电压信号（电流信号转换成电压信号），通过温度控制器的内部处理，从而在接线端子上获得通或断信号，进而控制制冷压缩机的交流接触器线圈、供液电磁阀线圈等控制元件的通电或断电，达到控制被冷却空间温度的目的。

这种温度控制器的测温电路是惠斯通电桥，如图1–46所示。其中以特殊半导体——热敏电阻 R_x 为感温元件作为惠斯通电桥的一个桥臂。热敏电阻对温度异常敏感，能随温度变化明显改变电阻值。热敏电阻的电阻值改变可使桥式电路中的 P_1 和 P_2 两点之间的电压产生变化，也可使中间支路中检流计中的电流发生变化，这些变化信息可作为控制信号用于通断所控制的制冷装置压缩机电动机。

热敏电阻有NTC型和PTC型。NTC型热敏电阻在温度上升时电阻值下降，也称负温度系数热敏电阻；PTC型则相反，温度上升时电阻值上升，也称正温度系数热敏电阻。

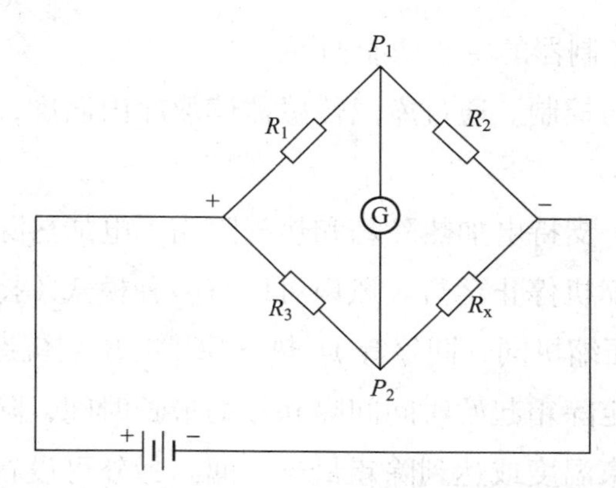

图 1–46 电子式温控器原理——热敏电阻惠斯通电桥测温电路

2. 电子式温度控制器典型控制功能

图 1–47 所示的电子式温度控制器，适用于中 / 低温强制风冷制冷系统微型温度控制，可测量和控制库温，可控制除霜和强制除霜。该电子温控器的接线图如图 1–48 所示。有三路输出：一路为压缩机，一路为蒸发器风扇，一路为除霜（电热或热气）。有两路 NTC 热电阻探头输入：一路为库温，一路为蒸发器温度（除霜终止温度 + 风扇停止温度控制）。有一路无源点数字输入。

图 1–47 电子式温度控制器

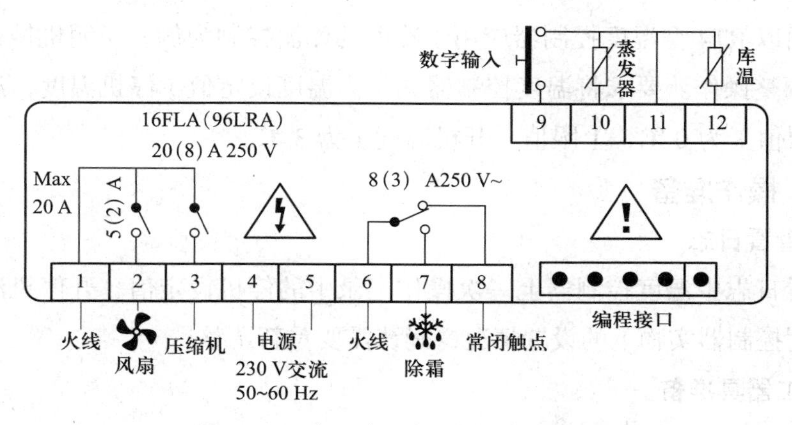

图 1–48 电子式温度控制器的接线图

该电子式温度控制器的主要功能如下。

（1）温度测量与控制。通过库温传感器读取库内温度，设定控制温度后控制压缩机启停。

（2）除霜控制。支持电加热除霜和热气除霜。电加热除霜模式下常开触点闭合开始除霜，压缩机停止运行。风扇可以有多种模式（持续运行、持续运行但除霜时停止、与压缩机同开同停等）。热气除霜时压缩机运转，电加热除霜时压缩机停止。可设定除霜起始时间间隔和除霜最长时间，除霜结束条件是蒸发器温度达到除霜结束温度或达到除霜最长时间。另外可设置滴水时间，该时间为除霜结束到恢复制冷的间隔，避免除霜时残留在蒸发器上的液态水在恢复制冷后结冰。

（3）数字量输入可接入库门开关、外部报警、外部除霜信号、制冷制热切换等。

（4）蒸发器温度探头可校准。

（5）在温度探头故障，无法使用温度控制时，可设置压缩机固定开停时间。

（6）温度探头故障报警、外部输入报警信号报警、温度过高和过低报警、库门开关报警。报警时温度控制器内的蜂鸣器将响起。

调整温度控制器

下面以 RT4 型温度控制器应用于冷库的库温控制为例，说明机械式温度控制器的调整操作。要求将温度控制器调整为温度设定值（停机温度，温度控制器的下限值）为 0 ℃，上限值（开机温度）为 3 ℃。

一、操作准备

1. 查看日志

查看日志中温度控制器上一次操作记录中的停机设定值、开停机温差，并检查温度控制器实物上的设置情况，确认需要重新调整。

2. 工器具准备

旋具、标准温度计。

二、操作步骤

步骤 1　调整停机温度

如温度控制器当前的停机温度低于 0 ℃，则沿顺时针方向转动温度控制器顶部的调节旋钮以增大设定值；反之则沿逆时针方向旋转调节旋钮以降低设定值，使刻度盘指针对准 0 ℃。

步骤 2　调整温差（幅差）

当前要求调整幅差为 3 ℃（由上限值减去下限值得出），根据温度控制器手册中的幅差和刻度对应图，如需达到幅差设定值 3 ℃，幅差刻度应指向 5，如图 1–49 所示。

步骤 3　观察验证

把标准温度计置于温度控制器的温包处，验证温度继电器是否能按预期的温度设定值停机和开机，即 0 ℃停机，3 ℃开机。未能达到要求时应继续适当调整。

步骤 4　记录

记录操作日期、操作人员、被调整的温度控制器的编号、停机温度、开机温度、开停机温差，并签字确认。

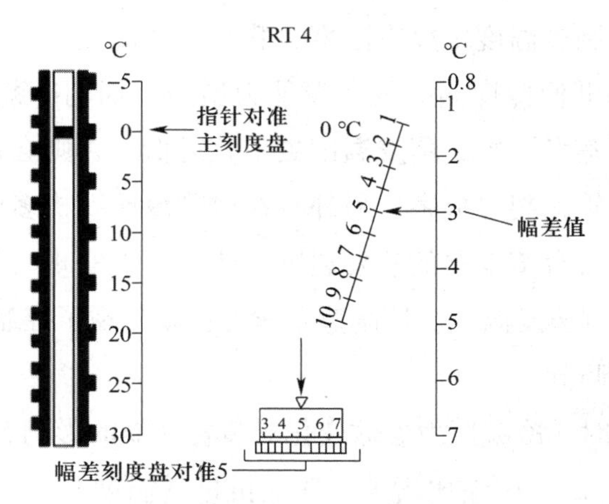

图 1–49　根据传感器手册设定幅差刻度

学习单元 6　调整压力及压差

熟悉压力调节阀的应用及工作原理

熟悉压差控制器的应用及工作原理

掌握调整压差控制器的操作方法

一、压力调节阀

1. 压力调节阀的应用

压力调节阀在制冷系统中主要用于油压调节、蒸发压力调节、冷凝压力调节、吸气压力调节、热气旁通能量调节、热气融霜压力控制、容器压力过高保护等。油压调节阀的相关知识已经在本培训课程学习单元 3 做过介绍。

（1）蒸发压力调节

外界条件和负荷变化时，会引起制冷系统运行中蒸发温度发生变化。如蒸发温度波动过大，制冷温度（冷库温度、载冷剂液温度等）的控制精度将受到影响。蒸发温度降低使冷库内空气除湿能力增强，加剧冷藏食品的干耗损失。果蔬库、冷水机组蒸发器中，蒸发温度更不宜过低，否则会造成果蔬冻伤、冷水机组蒸发器换热管冻裂等危害。另外，在单制冷压缩机多蒸发温度的制冷系统中，也只有控制每台蒸发器的蒸发温度，才有可能实现一机多温运行。基于上述原因，必须控制蒸发温度。控制蒸发压力也就实现了控制蒸发温度。

（2）冷凝压力调节

制冷装置运行时，冷凝压力参数变化对装置性能的影响有以下几点。

1）冷凝压力升高，压缩比增大，压缩机排气温度升高，单位制冷量减少，单位功耗量增大。

2）冷凝压力过低时，供液动力不足，可能使蒸发器供液量下降，并使热力膨胀阀能力下降很多，单位制冷量下降。另外，冷凝压力过低时，靠高低压压差供油的制冷压缩机，其冷冻油润滑动力不足，压缩机润滑性能恶化。在螺杆式制冷压缩机组中冷凝压力过低时，将引起油分离器内排气流速过快，容易引发“跑油”现象。

为控制和维持冷凝压力在正常范围内，在高压侧安装冷凝压力调节阀。

（3）吸气压力调节

吸气压力调节的目的是避免压缩机在高吸气压力下运行和启动。系统在降温初期，或蒸发器除霜结束后重新制冷的运行初期，吸气压力很高，可能引起压缩机功率超过电动机额定功率导致电动机过载。

吸气压力调节是通过吸气节流实现的。在压缩机吸气管上安装吸气压力调节阀，调节的是阀后压力。设定好允许的吸气压力最高值，吸气压力在设定值以下时阀全开，吸气压力超过设定值时阀开度变小，吸气压力与设定值偏差越大阀开度越小。

对于活塞式制冷压缩机，所使用的吸气压力调节阀也叫曲轴箱压力调节阀。

（4）热气旁通能量调节

当制冷装置负荷降低时，吸气压力下降。当负荷下降到一定程度，吸气压力将低至低压控制值以下。若在这样的低负荷时仍不希望停机，则采用热气旁通能量调节。热气旁通能量调节的基本方法是在系统高压侧与低压侧之间的旁通管上安装热气旁通压力调节阀。热气旁通压力调节阀可如图 1–50 所示连接。热气旁通压力调节阀是受阀后压力（即吸气压力）控制的比例型调节阀，按照吸气压力与设定的阀开启压力之间的偏差成比例地改变阀的开度，调节高压气体向低压侧的旁通流量。

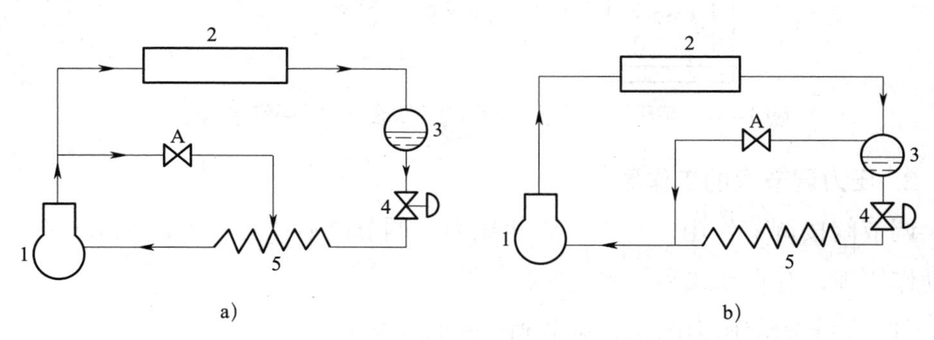

图 1–50 热气旁通压力调节阀系统布置图

a）高温热气向蒸发器中或蒸发器前旁通 b）饱和高压蒸气向吸气管旁通

1—压缩机 2—冷凝器 3—储液器 4—膨胀阀 5—蒸发器 A—热气旁通调节阀

（5）热气融霜压力控制

当冷库系统采用热气融霜时，制冷压缩机排气管上增加一个旁通管路并安装有电磁阀和压力调节阀（也叫恒压阀），接至蒸发器入口端。融霜时由于供给的高温高压的压缩机排气，蒸发器的温度和压力的增幅过大，很容易引起蒸发器换热管脆裂，因此需要在蒸发器的热气供给管上安装恒压阀以控制热气进入蒸发器前的供气压力。

用于融霜热气压力控制的压力调节阀控制的是阀后压力。

（6）容器压力过高保护（溢流控制）

复叠式制冷系统的低温级采用低温制冷剂，在常温下压力将超过容器的设计工作压力。为此，低温级通常配置膨胀罐（也叫平衡容器），用于停机后常温下各工作容器和管路中的低温制冷剂逐渐膨胀，压力升高后通过泄压管路进入膨胀罐中，机组开机后压缩机从膨胀罐中回收出制冷剂气体。如图 1–51 所示，压力调节阀调节的是阀前压力（即设定超压打开压力），安装于低温级高压排气管线和平衡容器之间。该阀在运行时也有超压保护作用，也叫容器的溢流控制，当低温级排气压力过高时压力调节阀打开，排气泄压到低压侧，从而避免高压侧超压。

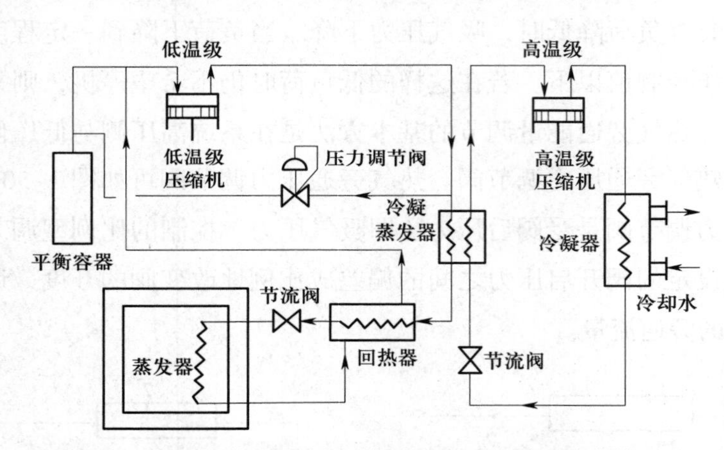

图 1–51　超压保护用压力调节阀在复叠式制冷系统中的位置

2. 压力调节阀的工作原理

调节阀按调节作用，有调节阀前压力、调节阀后压力和差压调节；按结构和动作原理，有直动式和伺服式两种。

（1）调节阀前压力的压力调节阀——直动式

用于蒸发压力调节、冷凝压力调节、容器压力过高保护调节的调节阀都是调节阀前压力。

图 1–52 所示的 KVP 型调节阀，是直动式蒸发压力调节阀，按图示流向连接在蒸发器出口。蒸发压力作用在阀板 7 的下部。蒸发压力超过主弹簧 10 的设定压力时阀打开，开度与二者之间的偏差量成比例。平衡波纹管 8 用于消除阀

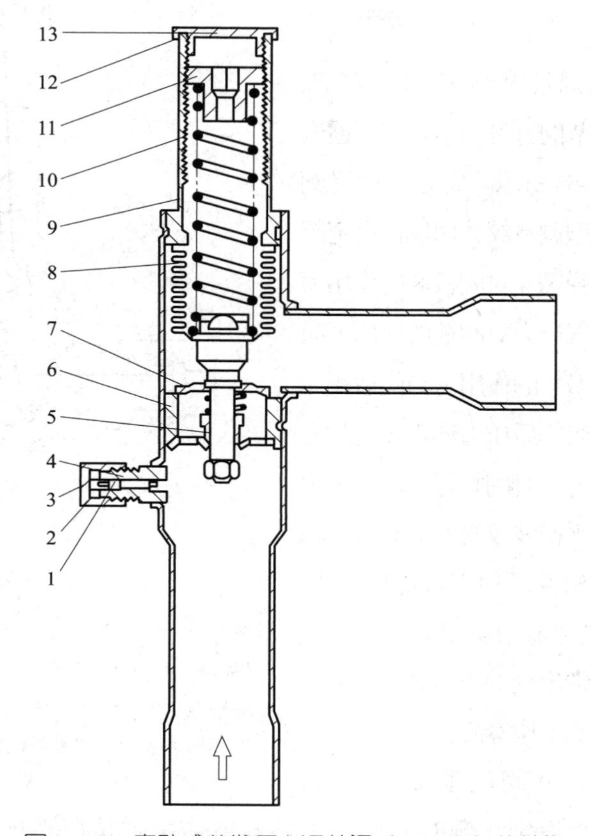

图 1-52 直动式蒸发压力调节阀（KVP 型）的结构

1—塞子 2、12—密封垫 3—阀盖 4—压力表接头 5—阻尼机构
6—阀座 7—阀板 8—平衡波纹管 9—阀体
10—主弹簧 11—设定螺钉 13—护盖

后压力波动对调节的影响（平衡波纹管的有效承压面积与阀座 6 的有效承压面积相等），使阀的调节动作只取决于阀前压力的变化。阻尼机构 5 用来使阀的启、闭动作平缓，避免制冷装置正常出现的压力波动对调节动作的影响，从而可以保证阀的调节精度和工作寿命。在入口侧还有压力表接头 4，供调试时接表实测调整使用。该型蒸发压力调节阀适用于 R12、R22 和 R502 制冷剂，蒸发压力的调节范围是 0 ~ 0.55 MPa。

调整方法：将阀门顶部护盖取下后，就可以用内六角扳手旋转设定螺钉，进而调整阀门内部主弹簧的松紧度，达到调节阀前蒸发压力的目的。顺时针旋转设定螺钉调高蒸发压力，反之则调低蒸发压力。

冷凝压力调节阀的结构与上述蒸发压力调节阀类似。

（2）调节阀后压力的压力调节阀——直动式

调节阀后压力通常用于吸气压力调节。直动式吸气压力调节阀也可用于热气旁通调节，其结构如图 1-53 所示。它是一种受阀后压力控制的比例型调节阀，用螺钉设定阀的开启压力值。主弹簧 4 对阀板 8 的作用力向下，阀板后的吸气压力对阀板的作用力向上，阀板 8 在主弹簧 4 的作用力与阀后流体力的作用下运动。当阀后压力低于设定的开启压力（即主弹簧力）时阀打开，阀后压力越低开启度越大。平衡波纹管 6 的有效面积与阀板的有效面积相当，可以抵消阀入口压力变化对阀开度的影响。阻尼机构 7 的作用是抑制制冷装置正常出现的压力脉动，从而保证阀的调节精度和工作寿命。

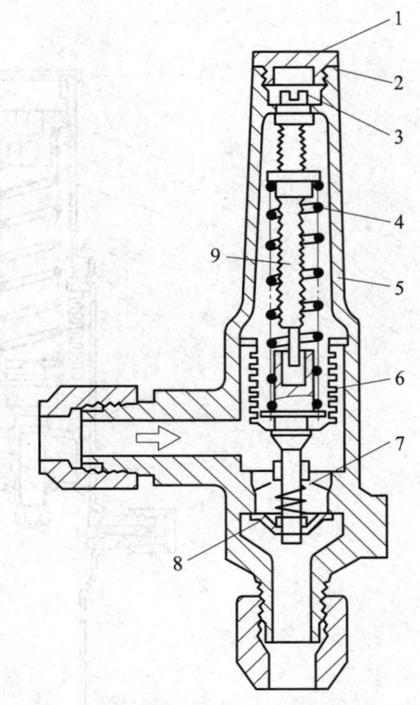

图 1–53　小型热气旁通阀 / 吸气压力调节阀

1—护盖　2—密封垫　3—设定螺钉　4—主弹簧
5—阀体　6—平衡波纹管　7—阻尼机构
8—阀板　9—调节杆

调整方法：打开阀门顶部的护盖，如需调高吸气压力设定，顺时针调节设定螺钉使主弹簧压得更紧；调低吸气压力设定时，则需要逆时针调节设定螺钉使弹簧变松。

（3）压力调节阀——伺服式

1）伺服式蒸发压力调节阀。伺服式蒸发压力调节阀由定压导阀（恒压阀）与主阀组合而成，其结构如图 1–54 所示。恒压阀作为主阀的控制部分，连在主阀的控制接口上。采用螺纹旋入式连接，使二者成为一个整体，结构紧凑。这种组合阀又称为恒压主阀。使用时，将主阀入口 2 侧接到蒸发器出口管上。蒸发器流出量由主阀的开度调节。主阀入口侧的蒸发压力经阀内的引压通道 3 作用到导阀膜片 5 的下部。蒸发压力超过导阀弹簧 7 的设定压力时，膜片抬起，导阀开启，制冷剂流过导阀口 6，向下推开单向阀片 14，进入主阀驱动腔（即活塞上腔）。在这里由于发生信号压力 P_0 的放大作用，活塞 17 上部的作用力（等于 $P_0 \times S$，S 为活塞受力面积）推动活塞向下运动，使主阀开启。蒸发压力升高时主阀开大，反之主阀关小。通过改变蒸发器的流出量对压力的变化实行补偿，从而将蒸发压力维持在一个恒定的范围内。

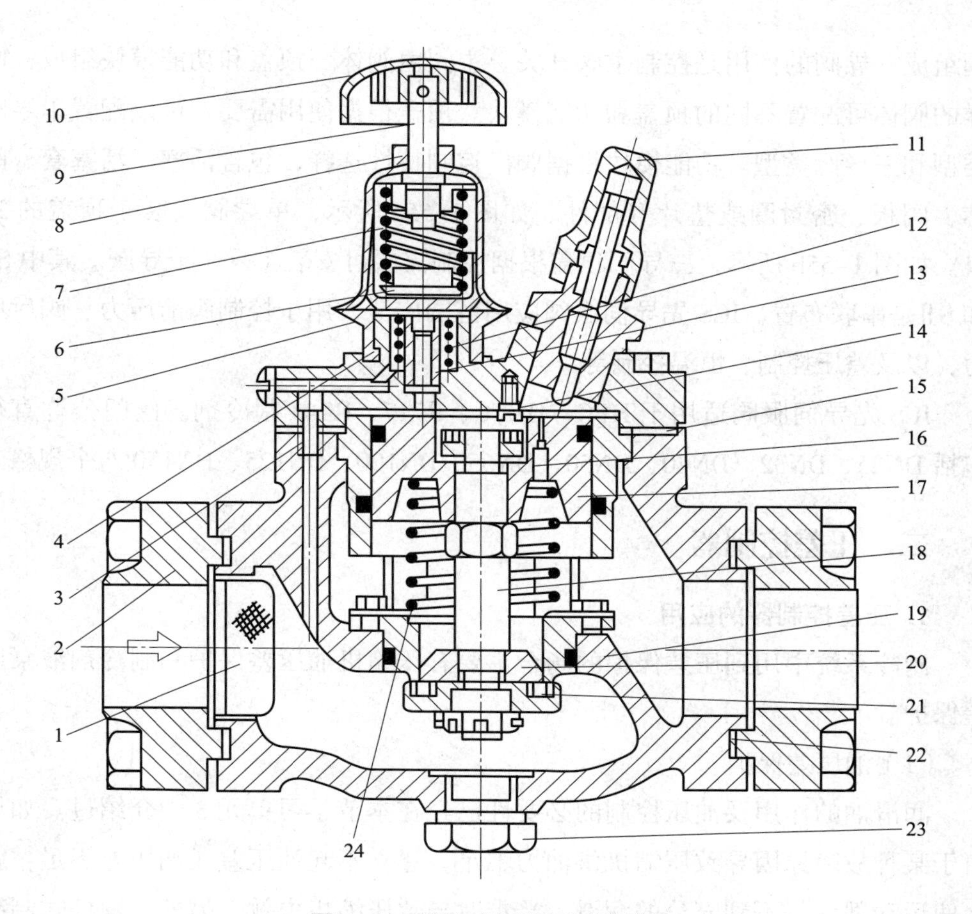

图 1-54　继动式蒸发压力调节阀

1—过滤器　2—主阀入口　3—引压通道　4、15、22—垫片　5—膜片　6—导阀口　7—导阀弹簧　8—密封圈　9—调节杆　10—手轮　11—手动顶开机构　12—导阀座　13—滤网　14—单向阀片　16—平衡孔　17—活塞　18—推杆　19—O 形密封圈　20—主阀节流芯　21—主阀板　23—泄放塞　24—主弹簧

恒压主阀也是比例型调节阀，阀的开度与蒸发压力的变化成比例。调节中存在不可避免的静态偏差。但由于导阀和主阀的灵敏度较高，调节的静态偏差较小，能够保证蒸发压力基本恒定。

调节方法：调节手轮 10 以调节导阀弹簧 7 的松紧度，达到调节主阀压力的目的；当导阀故障或其他原因导致主阀无法打开时，可紧急顺时针旋转手动顶开机构 11 的阀杆顶开主阀。

2）调节阀前压力、阀后压力或压差的压力调节阀（伺服式）。这种类型的压力调节阀是模块化设计，根据不同的使用需要选用不同的搭配。下面以丹佛斯 ICS 先导伺服阀为例说明该类型压力调节阀。ICS 先导伺服阀由 ICS 主阀和导阀组成。导阀的作用是控制主阀开关。主阀由阀体、顶盖和功能模块组成，同样的阀体可配置不同的顶盖和功能模块。顶盖根据使用需要，可以配置单导阀类型和三导阀类型。功能模块根据阀门控制特性选择，包含活塞、活塞套、阀芯、阀板、密封圈或垫片等部件。如图 1–55a 所示，单导阀安装于顶盖的 2b 口。如图 1–55b 所示，三导阀顶盖根据控制需要可安装 1 ～ 3 个导阀。其中 SⅠ和 SⅡ是串联布置。ICS 先导伺服阀应用范围广泛，用于控制阀前压力、阀后压力，以及差压控制、恒温控制等。

ICS 先导伺服阀适用于 HFC、HCFC、R717、R744 制冷剂。阀门公称直径包括 DN25、DN32、DN40、DN50、DN65、DN100、DN125、DN150 八个规格。

二、压差控制器

1. 压差控制器的应用

制冷系统中用到压差保护的场合主要有压缩机油压差保护和制冷剂液泵压差保护。

（1）油压差保护

润滑油的作用及油压控制的必要性已经在本节学习单元 3 中介绍过。如果由于某种故障原因导致压缩机供油力不足，建立不起油压差或油压差不足，就会使运动部件得不到充分的润滑，严重时导致压缩机失效。另外，螺杆式制冷压缩机和活塞式制冷压缩机有油压加卸载机构，如果油压不正常，油压和吸气压力的压差不足，压缩机加卸载机构可能无法正常工作。因此必须设置油压差保护。

（2）制冷剂液泵保护

有些制冷系统，蒸发器的制冷剂供液采用泵强制输送方式。这类泵多为屏蔽泵，泵的轴承多靠制冷剂液体进行冷却和润滑，泵电动机也靠制冷剂液体来冷却。因此，液泵电动机启动后要能够正常输送液体，很快建立起泵前后的液体压差，才能满足泵本身的冷却和润滑需要，得以维持运行。另外，为了防止泵受到汽蚀破坏，泵前后的压力差也必须保持在一定数值上。基于上述原因，制冷剂液泵需要设置压差保护。

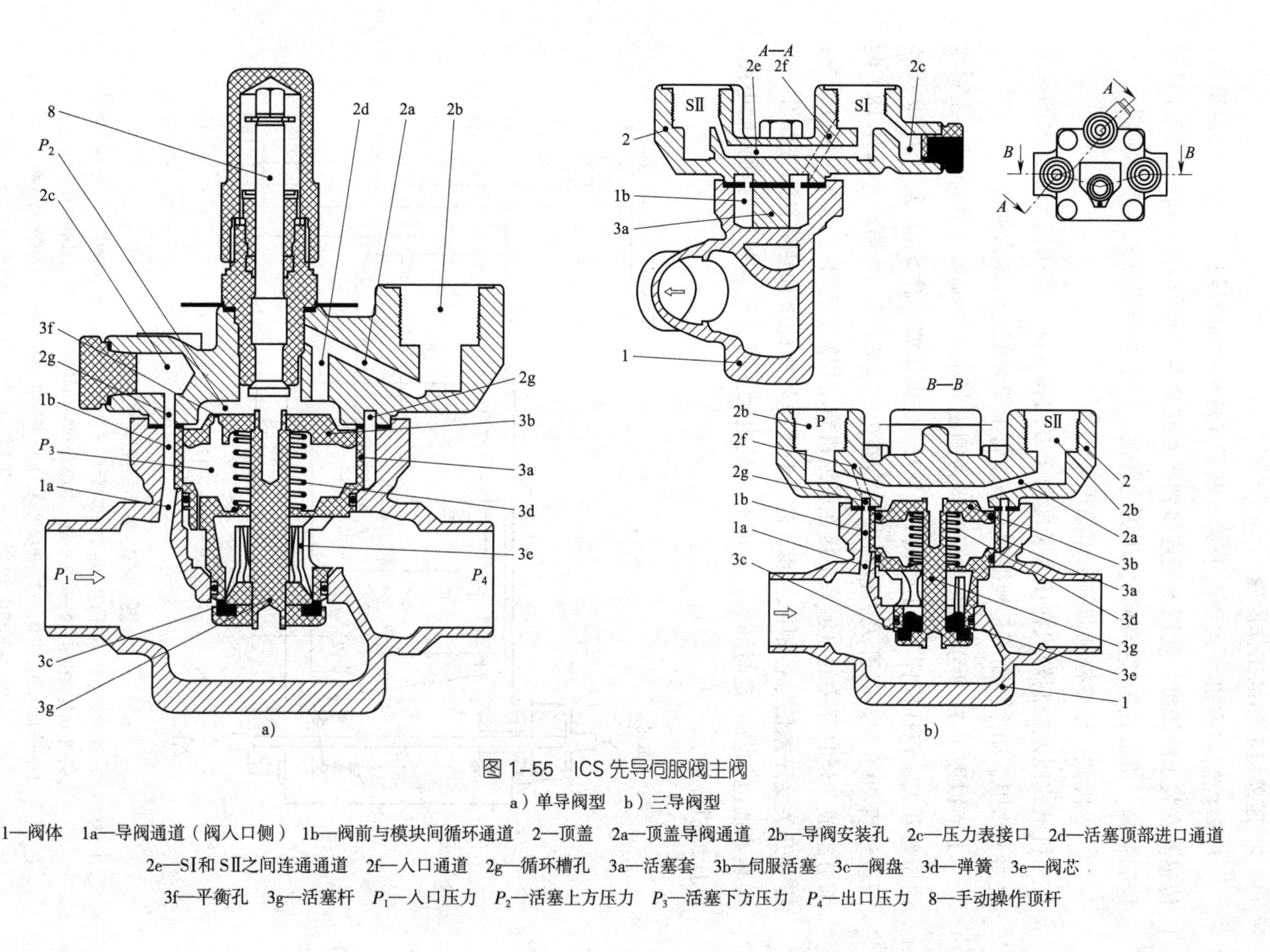

图 1-55 ICS 先导伺服阀主阀

a）单导阀型 b）三导阀型

1—阀体 1a—导阀通道（阀入口侧） 1b—阀前与模块间循环通道 2—顶盖 2a—顶盖导阀通道 2b—导阀安装孔 2c—压力表接口 2d—活塞顶部进口通道 2e—SⅠ和 SⅡ之间连通通道 2f—入口通道 2g—循环槽孔 3a—活塞套 3b—伺服活塞 3c—阀盘 3d—弹簧 3e—阀芯 3f—平衡孔 3g—活塞杆 P_1—入口压力 P_2—活塞上方压力 P_3—活塞下方压力 P_4—出口压力 8—手动操作顶杆

2. 压差控制器的工作原理

压差控制器有机械式和电子式。电子式压差控制器需要配套压力传感器，传感器安装于测压点，使用电缆连接到压差控制器，将压力信号转化为电信号，控制精确。机械式压差控制器使用更为普遍。以下介绍机械式压差控制器。

（1）机械式压差控制器的工作原理

机械式压差控制器只在压差（即两个方向相反的、作用在波纹管上的压力之差）作用下动作，而不是根据两个波纹管上单独的绝对压力动作。

下面以图 1–56 所示油压差控制器为例说明压差控制器工作原理。控制器由压差开关（包括杠杆 1、主弹簧 2、顶杆 3、低压波纹管 5、压差开关 19 及高压波纹管 20）和延时开关（包括电加热器 7、延时开关 17 和双金属片 18）两部分组成。延时开关的电触头串接在压缩机启动控制回路中。基本控制过程为：压差开关受压差信号控制通、断，使延时继电器中的电加热器接通或断开；电加热器通电加热一定时间后，延时开关的电触头断开压缩机的启动控制电路，使压缩机停机。

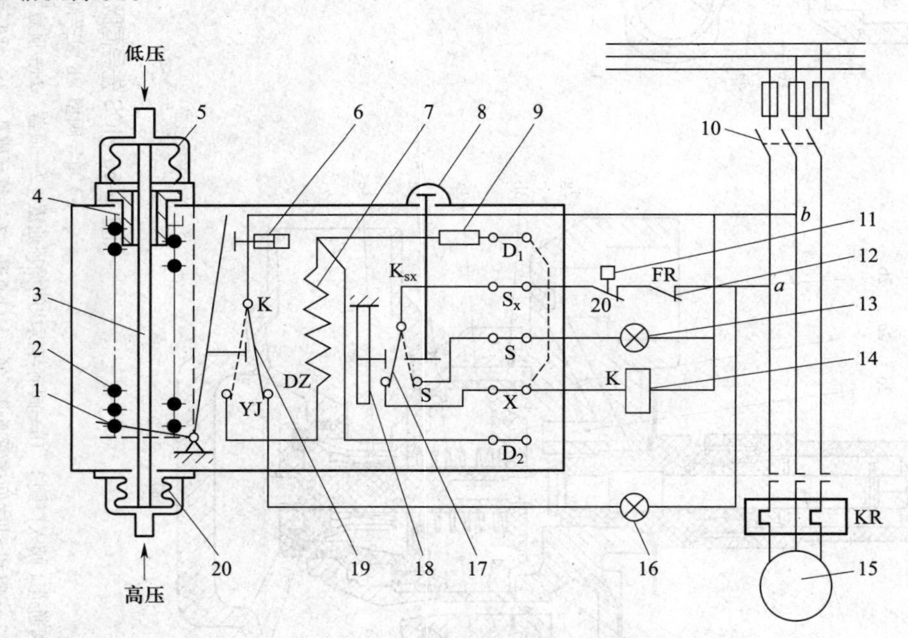

图 1–56　油压差控制器工作原理

1—杠杆　2—主弹簧　3—顶杆　4—压差调节螺钉　5—低压波纹管　6—试验按钮　7—电加热器　8—手动复位按钮　9—降压电阻（电源为 380 V 时用）　10—压缩机电源开关　11—高低压力控制器　12—热继电器　13—事故信号灯　14—交流接触器线圈　15—压缩机电动机　16—正常工作信号灯　17—延时开关　18—双金属片　19—压差开关　20—高压波纹管

用压差调节螺钉调整油压差设定值。高、低压包分别引接油压测量口和吸气压力，二者之差即为油压差。该压差信号与主弹簧的设定压力比较，压差大于设定值时顶杆向上移动，拨动直角杆偏转，拨动压差开关。图中杠杆和延时开关在压差正常时处于实线位置，电路处于压缩机可以正常工作、正常工作信号灯通电的正常运行状态。油压差低于设定值时顶杆下移，杠杆处于图中虚线位置，将压差开关拨到虚线位置。正常工作信号灯断电熄灭，立即给出油压不足的信号；同时电加热器通电，开始加热双金属片，持续通电加热一段时间（60 s 左右，具体以压差开关设计为准）后，双金属片变形，把延时开关拨到虚线位置，切断压缩机启动控制电流，于是压缩机停机，同时事故信号灯接通，指示故障性停机。

压缩机启动前，双金属片处于冷态，延时开关处于实线位置，只要电源合闸，控制电流便接通。这时尽管没有油压也不妨碍压缩机启动。压缩机启动后油压建立的过程中，虽然压差开关处于虚线位置，电加热器通电，但通电时间尚未持续到足以使双金属片变形到可以推动延时开关动作，油压已达正常，于是压差开关回到实线位置，电加热器断开，同时接通正常工作信号灯。至此压缩机启动完成。

一般来讲压差控制器有试验按钮，供试验延时机构的可靠性使用。在压缩机正常运行中，依箭头所示方向推动试验按钮，强迫压差开关扳到虚线位置，并保持达到延时时间，如果能够使延时开关动作，切断电源令压缩机停机，则证明压差控制器能可靠工作。

有手动复位按钮的压差开关，在低压差保护后，需要手动按下复位按钮，复位延时开关到正常位置，对低压差保护进行复位。

（2）开关压差（差动压力）

压差开关通常有开关压差这一参数，对于理解和应用压差开关不可忽视。当油压差低于设定的保护压力，压差开关动作后（包括停机中动作和运行中压差过低的保护动作），压差回升到高于设定保护压力值的某一压力值，压差开关才能恢复到正常状态，该压力与保护压力的差值就是开关压差。开关压差也叫差动压力。

下面以 MP 系列压差开关为例说明启动和运行过程中压差开关的动作和保护机理，如图 1–57 所示。该型压差开关的开关压差是 20 kPa，延时动作时间为 45 s。如果设定压差为 68 kPa，其启动阶段和运行阶段的保护特性如下。

1）启动阶段。压缩机启动后，油压如果在 45 s 之内超过 88 kPa（68 kPa 加上开关压差 20 kPa，图 1–57a 中 A 点）（1 bar=100 kPa），则压差开关不保护停机，压缩机继续运转，油压自图中 A 点后持续稳定；如启动后 45 s 内油压虽然超过了 68 kPa，但未超过 88 kPa（图中 B 点），压差开关保护动作，压缩机断电停机，停机后油压差迅速变为 0。

2）运行阶段。压缩机运行阶段，油压跌至低于设定的保护压力（图 1–57b 中 C 点），压差开关动作，如果油压差在此后的 45 s 内逐渐恢复并超过 88 kPa（图中 D 点），则压差开关不会保护停机；如果油压差跌到 68 kPa 以下且持续超过 45 s（图中 E 到 F 段曲线），则压差开关动作，压缩机保护停机，油压差迅速变为 0。

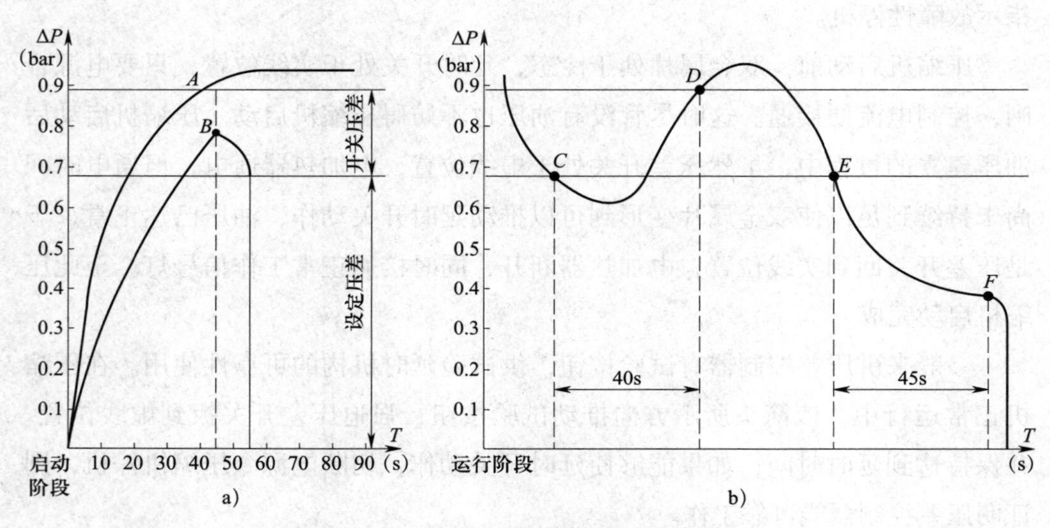

图 1–57　启动和运行中的油压差保护机理

a）启动阶段　b）运行阶段

3. 压差控制器的安装注意事项

（1）高、低压接口分别接油压和压缩机低压侧。对于活塞机组，高、低压接口分别接压缩机供油压力和压缩机低压侧（吸气压力或曲轴箱压力），切不可接反，如图 1–58 所示。

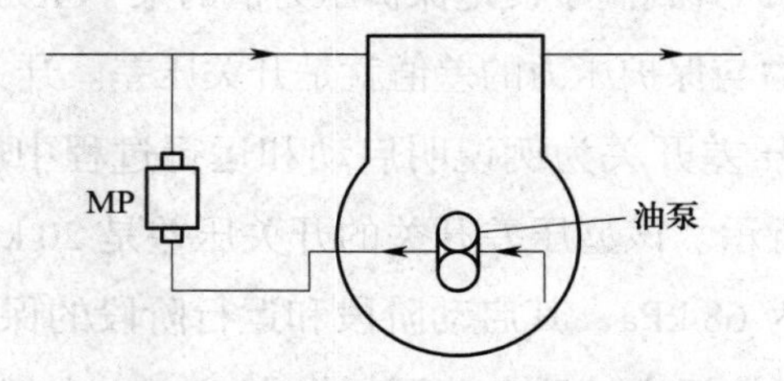

图 1–58　活塞压缩机组压差开关安装位置

（2）控制器本体应垂直安装，高压口在下，低压口在上。

（3）油压差等于油压表读数与吸气压力表读数的差值，不要误以为油压表读数为油压差。

（4）油压差的设定值一般调整为 0.05 ~ 0.35 MPa。

（5）采用热延时的压差控制器，控制器动作过一次后，必须待热元件完全冷却（需 5 min 左右），手动复位后才能再次启动使用。

4. 压差控制器的调整方法

以图 1–56 所示的压差控制器为例说明调节方法。

（1）根据制冷压缩机的油压控制范围拨动压差调节螺钉，将指示盘内的指针调整到实际需要值。

（2）油压差控制器上有试验按钮，供随时测试延时机构的可靠性。当压缩机正常工作时，将按钮按其上箭头所示方向推动，持续推动时间大于延时时间，如压缩机切断电源停止运行，则说明延时机构能正常工作。

（3）使用中如果延时机构动作过一次，必须待延时机构中热元件完全冷却后才能恢复正常工作。

油压差控制器的调整

一、操作准备

1. 查阅技术文件

查阅油压差控制器使用说明书，确认油压差控制器的使用范围、工作压力范围和压差设定范围。

查阅制冷机组的油压差设定要求，确认设定目标值。

2. 工器具准备

根据不同油压差控制器特性，可能需要准备一字旋具、十字旋具或活动扳手等，并准备万用表、标定和锁定用具。

3. 材料准备

红色油漆笔。

二、操作步骤

步骤 1　切断电源，标定锁定

如制冷机组在运行中，应先按操作流程将机组停机。停机后切断油压差控制器电源。如制冷机组在停机中，确认可以切断电源后，将油压差控制器电源切断，将其从电路中隔离出来，并对隔离的电源进行标定锁定，避免触电事故。

步骤 2　调整

不同厂家生产的油压差控制器，其调整方法可能会有所不同。图 1–59 所示的 ONS 型油压差控制器，用手旋动或用一字旋具推动调整齿轮即可调整其设定值。

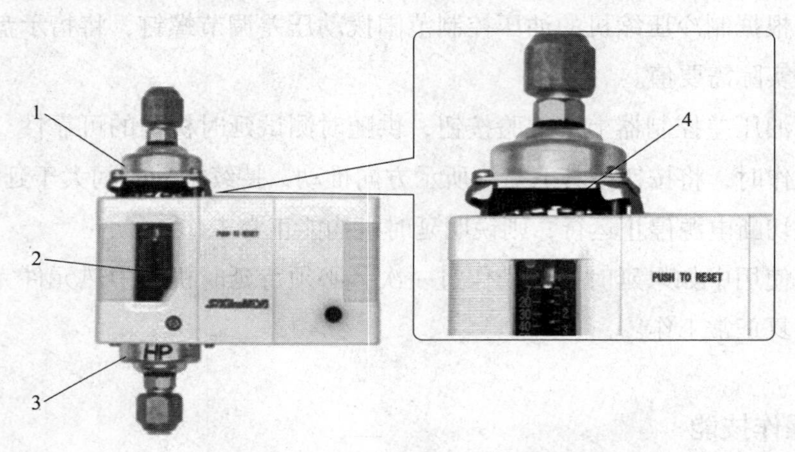

图 1–59　ONS 型油压差控制器

1—低压气箱　2—指示盘　3—高压气箱　4—压差调整齿轮

对于如图 1–60 所示的 MP 型油压差控制器，调整油压差保护值的旋钮或调整齿轮在其面板内部。调整设定值时，根据面板固定螺钉的类型选用一字或十字旋具将面板固定螺钉拆下，然后拿下面板，通过调整旋钮或齿轮来改变压差设定值。设定完毕将面板安装回原位并将固定螺钉紧固到位。

根据压缩机的油压差控制范围，拨动压差调整齿轮或旋钮，将指示盘内的指针调整到实际需要数值。

步骤 3　恢复电源

解除此前的标定和锁定，重新对压差控制器上电。

步骤 4　开机

确认制冷机组具备开机条件，按操作流程启动压缩机。确认机组启动后，在压差控制器延时时间内（如 45 s）未出现油压差低保护停机；确认机组正常运行阶段，油压差达到设定压差加开关压差时，机组维持正常运行。

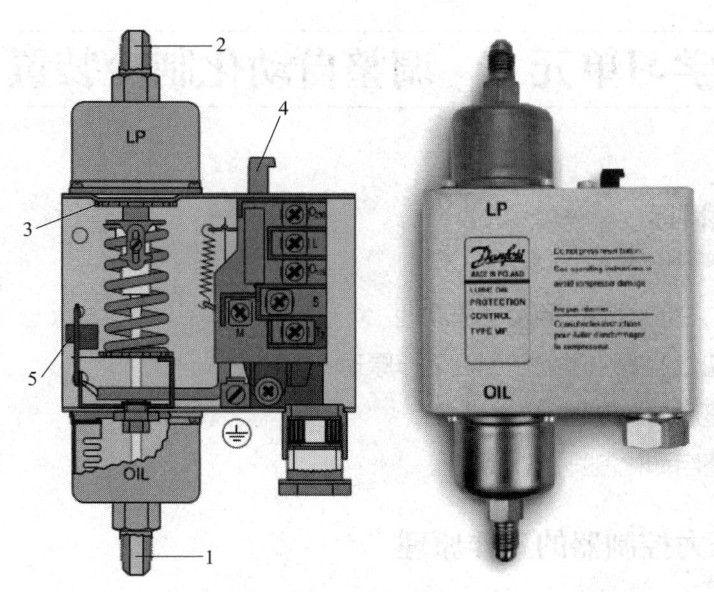

图 1-60　MP 型油压差控制器

1—润滑系统压力侧接头　2—OIL 制冷装置吸入测接头
3—LP 压差设置盘　4—复位按钮　5—测试装置

步骤 5　试验保护压力

有油压调节阀的机组，调整油压调节阀以减小油压，同时观察油压表（或油压传感器）和低压表（或低压传感器）的指示值，使油压差略小于设定值，以试验保护压力值设定是否准确。例如，设定值为 0.1 MPa，则调整油压差调节阀使油压差略小于 0.1 MPa，如经过一段时间的延时（如 45 s）后油压差控制器动作，机组停机，则证明油压差控制器设定准确，否则应重新对设定值进行调整。每次调整的时间间隔应保证压差控制器的延时机构有足够的冷却时间，一般不少于 5 min。

步骤 6　恢复油压

调整油压，将机组油压恢复至合适压力。

步骤 7　封印

用红色油漆在压差调整旋钮或齿轮、压差控制器壳体边缘画一条封印红线。

步骤 8　记录

记录操作日期、操作人员、被调整的压缩机编号、油压差设定值，操作人员签名存档。

学习单元 7　调整自动化制冷装置

熟悉压力控制器的作用及工作原理

熟悉自动化制冷装置的作用及工作原理

能够调整压力控制器

能够调整自动化制冷装置

一、压力控制器的工作原理

压力控制器是受压力控制的电开关，又叫压力继电器。通常制冷系统有同时控制高压和低压的要求，制冷用的压力控制器有单体的高压控制器（HP）和低压控制器（LP），也有结构上一体的高低压控制器。

压力控制器有电子式和机械式，以机械式应用最普遍。电子式压力控制器与电子式压差控制器类似，需要配套压力传感器，传感器安装于测压点，用电缆连接到压力控制器，将压力信号转化为电信号，由电子控制器进行控制。以下介绍机械式压力控制器。

图 1–61 所示插装式高压开关，为机械式压力控制器的一种类型。其特点是尺寸小巧，不可调整设定压力，有的可以手动复位，有的采用自动复位。插装式压力开关广泛用于汽车空调，家用、商用空调等系统；通常直接安装于机组高压排气管或低压吸气管上；触点可以是单刀单掷型或单刀双掷型，可以是常开型（压力正常时触点断开）或常闭型（压力正常时触点闭合）。

这种高压（或低压）压力开关的工作原理是：当被控介质压力上升（或下降）到某一设定值时，蝶形金属膜片产生失稳跳跃，通过推动活动触点，与固定触点接通（或断开）；当被控介质压力下降（或上升）到另一设定值时，蝶形金属膜片会突然反向跳跃到原来状态，使开关触点断开（或接通），从而实现开关的作用。这种压力控制器的开关动作压力值按用户要求设计，由工厂设定。

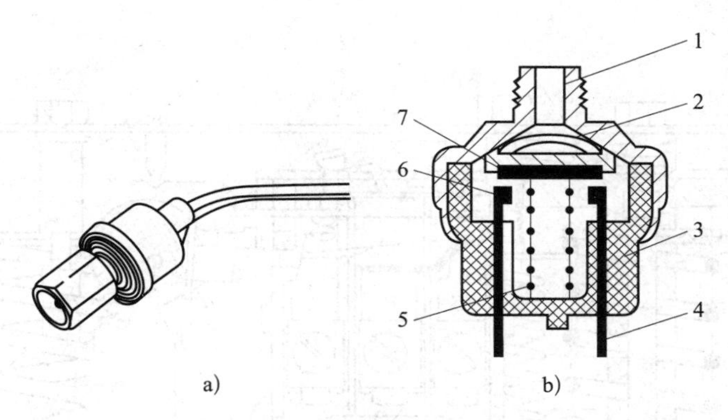

图 1-61 插装式高压开关

a）外形图 b）结构图

1—接头 2—膜片 3—外壳 4—接线柱 5—弹簧 6—固定触点 7—活动触点

图 1-62 所示是常用于制冷系统的压力控制器，图 1-63 所示是高低压一体的高低压控制器。这种压力开关的工作原理是：当被控介质压力过高（或过低）时，波纹管变形量发生相应变化，主弹簧带动杠杆引起开关的通断状态发生变化（由通变断或由断变通）。

为避免压力在接近设定压力的临界状态时弹簧带动杠杆引起开关频繁动作，该型开关内设置有差动弹簧（或叫压差弹簧），其作用是当系统压力恢复达到设定压力后，还要增加或降低一定的压力才能使开关恢复，具体情况如下。

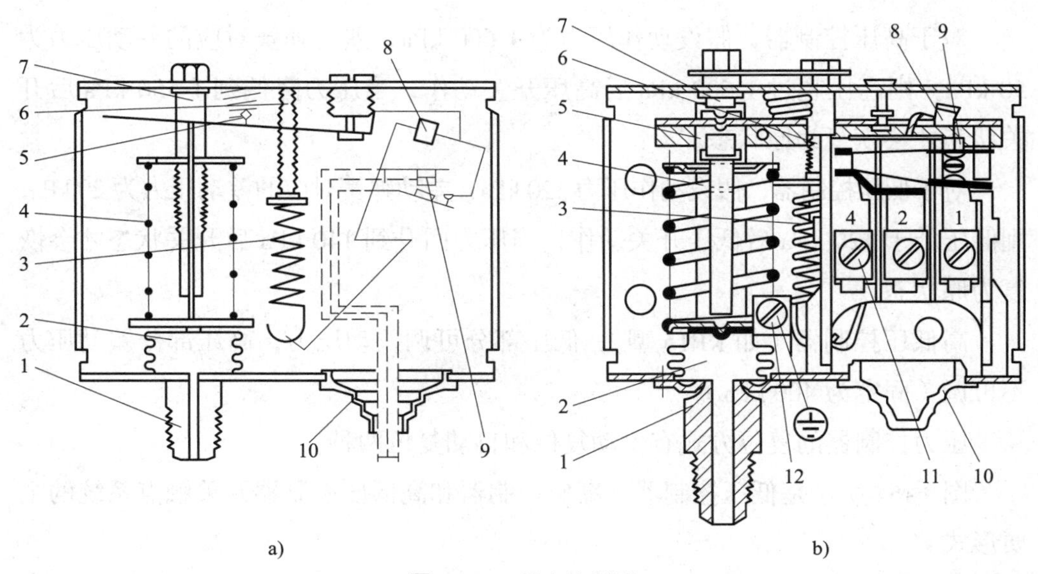

图 1-62 压力控制器

a）关键组成图 b）结构图

1—压力信号接口 2—波纹管 3—差动弹簧 4—主弹簧 5—杠杆机构 6—差动设定杆 7—压力设定杆 8—翻转开关 9—电触点 10—电线套 11—接线柱 12—接地端

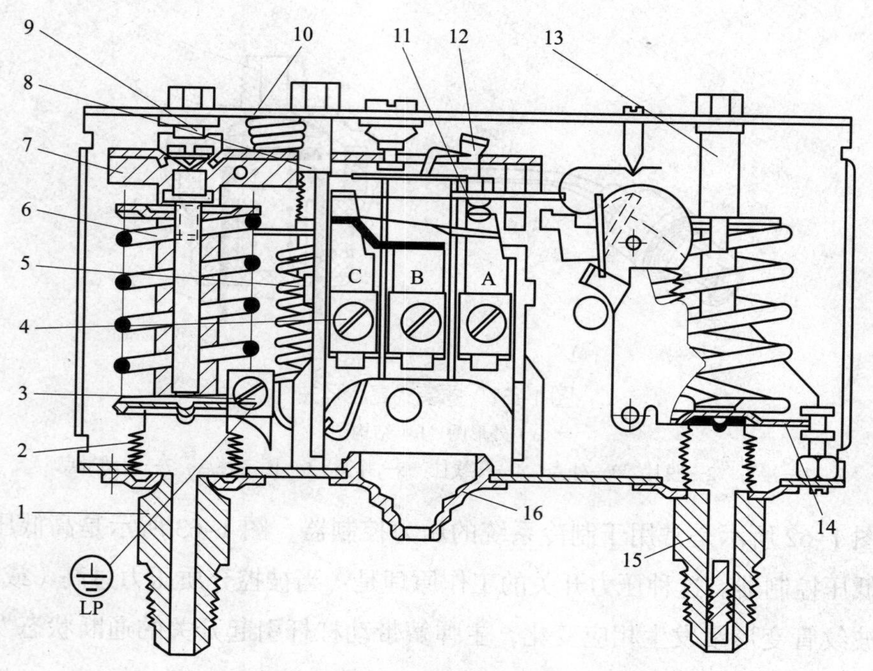

图 1–63　高低压控制器（KP15 型）结构图

1—低压接口　2—波纹管　3—接地端　4—端子板　5—差动弹簧　6—主弹簧　7—主杠杆　8—低压差动设定杆　9—低压压力设定杆　10—盖板　11—触点　12—翻转开关　13—高压压力设定杆　14—杠杆　15—高压接口　16—电线入口套

对于高压控制器，假设动作压力为 1 600 kPa，差动弹簧对应的差动压力为 50 kPa，则高压超过 1 600 kPa 后高压开关动作，当压力降低到 1 550 kPa 后开关状态才会恢复为原状态。

对于低压控制器，假设动作压力 120 kPa，差动弹簧对应的差动压力为 20 kPa，则低压低于 120 kPa 后低压开关动作，当压力回升到 140 kPa 后开关状态才会恢复为原状态。

高低压控制器（如 KP15 型），低压部分可调差动压力，高压部分差动压力不可调（固定为 400 kPa）。

压力控制器的复位方式有手动复位和自动复位两种。

图 1–64 所示是低压控制器、高压控制器和高低压控制器开关触点系统的主要形式。

低压控制器（LP）的开关触点，制冷系统的压缩机正常运行信号可接 1 和 4 点。压力过低保护时 1 和 4 断开，电动机断电；同时 1 和 2 接通，发出低压报警信号。

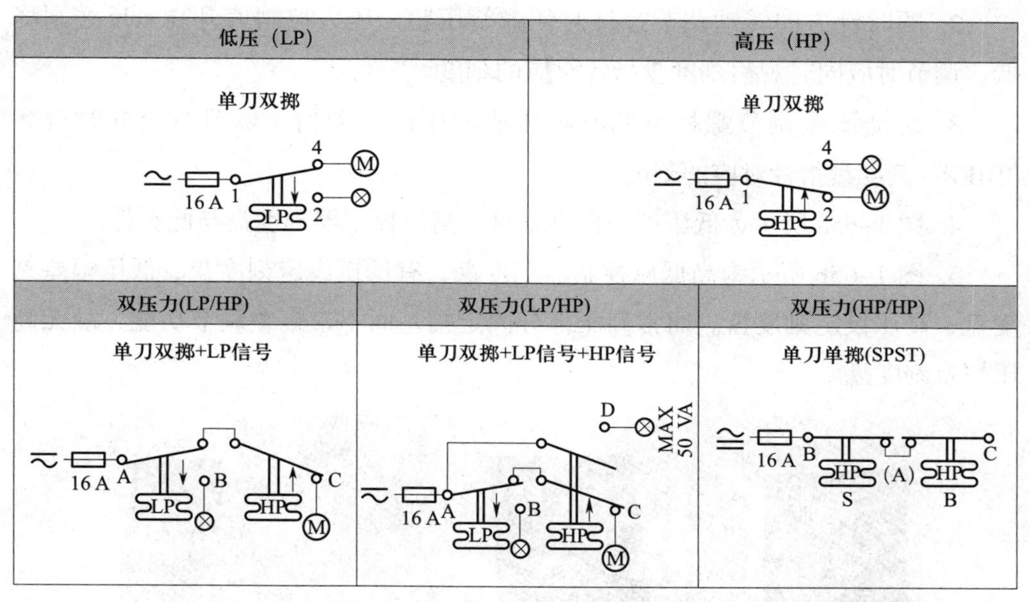

图 1-64　压力控制器的电触点系统

高压控制器（HP）的开关触点，制冷系统的压缩机正常运行信号可接 1 和 2 点。压力过高保护时 1 和 2 断开，电动机断电；同时 1 和 4 接通，发出高压报警信号。

高低压控制器（LP/HP）的开关触点，可以是以下两种情况。

采用两个单刀双掷，加低压报警信号。制冷系统的压缩机正常运行信号可接 A 和 C。低压过低或高压过高（任意一个发生）时 A 和 C 触点断开，电动机断电。同时，当低压过低时 A 和 B 接通，输出低压报警信号；高压过高时无高压报警信号输出。

采用两个单刀双掷，加低压和高压报警信号。制冷系统的压缩机正常运行信号可接 A 和 C。低压过低或高压过高（任意一个发生）时 A 和 C 触点断开，电动机断电。同时，当低压过低时 A 和 B 接通，输出低压报警信号；当高压过高时 A 和 D 接通，输出高压报警信号。

双高压开关串联的单刀单掷触点系统，任意一个开关触点断开都会触发报警停机信号。

二、压力控制器的调整方法

1. 压力控制器通过转动各自的压力调节螺杆，来调节主弹簧对波纹管的压力，以设定保护压力值。

2. 顺时针方向转动调节螺杆时使弹簧压紧，压力控制值升高；反之则降低。调节时应同时观察刻度盘指针对应的刻度。

3. 旋动压差调节螺杆可调节高压或低压的差动值，调节时应同时观察“DIFF”刻度盘指针对应的刻度。

4. 图 1–65a 所示为低压控制器刻度盘，高压控制器刻度盘与此类似。

5. 图 1–65b 所示为高低压控制器刻度盘，有低压设定刻度盘、低压幅差刻度盘、高压设定刻度盘。通常高压部分固定幅差而不带幅差调节功能，故无高压幅差刻度盘。

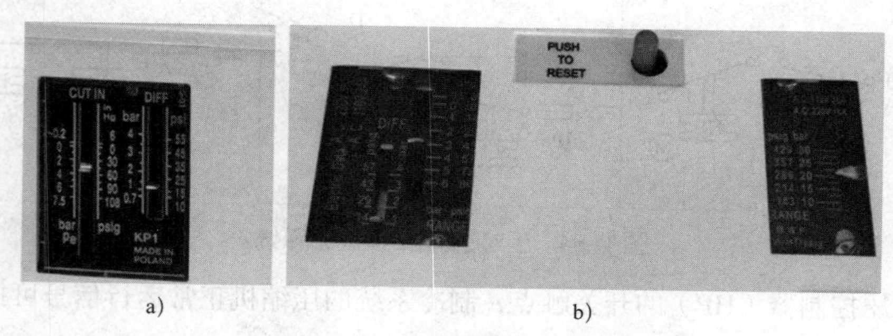

a）　　　　　　　　b）

图 1–65　压力控制器压力设定刻度盘

a）低压控制器刻度盘　b）高低压控制器刻度盘

高低压控制器在出厂时的控制设定值均已做过调整和试验，如果不符合实际应用要求，可以在其允许使用范围内进行调整，调整试验应经过验证，确认其切断与压力控制值达到设定要求。装在制冷装置上的压力继电器，每年至少应试验一次，特别是高压控制部分，以免继电器失控产生重大事故。

三、自动化制冷装置简介

自动化制冷装置的运行控制，主要是某些必要的制冷工艺参数调节、机器设备控制及安全保护措施的有机组合。制冷系统的自动化控制，需要考虑制冷装置的使用目的、工作条件、系统组成和运行特点、控制要求等因素，视具体情况而定。一套完整的自动化制冷装置，应包含参数控制和调节以及安全保护。自动化制冷装置需要适应负荷及外部条件变化，及时通过适当的调节维持工艺指标，在保障人员、设备和生产安全，使制冷系统始终运行在合理的工况范围内，满足使用需求的情况下提高运行的经济性。

1. 运行参数控制

制冷装置由压缩机、节流机构和换热器有机组合而成，其调节控制概括来讲就是制冷剂流量调节、压缩机能量调节和换热器换热量调节。制冷剂流量调节是调节节流机构向蒸发器的供液量。压缩机能量调节是改变压缩机的压缩功输出。换热器换热量调节可以通过改变风量、水量等来改变蒸发器的蒸发压力和冷凝器的冷凝压力，有经济器（过冷器）的系统可以通过调节经济器的供液量来改变制冷剂液体过冷度。很多时候这三方面的控制和调节是相互关联的。

制冷装置的自动控制涉及各运行参数，主要运行参数有被冷却对象的温度、吸气压力、蒸发压力、排气压力、冷凝压力、液位（换热器、储液罐、气液分离器等）、油压、油温、排气温度等。

2. 安全保护

当负荷或外部条件变化过快或超出设计范围，制冷系统内部元器件失效，人员操作失误等因素引起运行工况超限，可能影响设备和人员安全时，制冷系统必须触发相应保护。制冷系统基本的安全保护有低压保护、高压保护；根据制冷系统不同，可能的保护还有容器的压力保护、排气温度高保护、油压差保护、油温保护、油位保护、制冷剂液位保护、冷却流体或载冷流体断流保护、压缩机电动机过载保护、制冷剂反向流动保护等。

四、制冷装置的安全保护

低压保护、高压保护、油压差保护、排气温度保护和油温保护的必要性，以及实现相关保护所用的元器件，在本书已有介绍。以下介绍压力容器和管道保护、油位保护、液位保护、断流保护、制冷剂反向流动保护、压缩机电动机保护。

1. 压力容器和管道保护

对制冷系统的压力容器或管道保护，常采用泄放容器中的制冷剂的办法来实现，使用的保护件有安全阀、易熔塞和安全膜，如图 1–66 所示。当安全阀的入口压力与出口压力的差值超过安全阀的整定值时，阀盘被顶开。易熔塞用低熔点合金制作，当容器内温度、压力升高到限定值时，易熔塞化掉。安全膜在达到规定压力时破损。上述情况均使压力容器或管道中的制冷剂排出、泄压。

2. 油位保护

为避免压缩机油槽或油分离器内油位过低，使压缩机润滑不良，需要在油槽或油分离器设置油位保护机构。保护机构可以选用油位开关。油位开关常用的是浮球油位开关和光电式开关。油位过低时油位开关的触点动作，使压缩机停机。

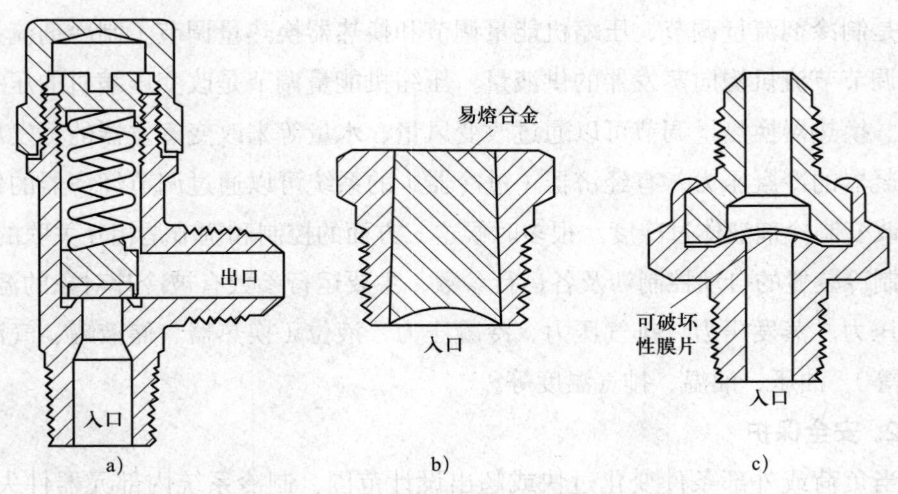

图 1–66　压力容器和管道保护件

a）安全阀　b）易熔塞　c）安全膜

图 1–67 所示浮球油位开关基于浮力原理，油位达到正常高度，使带有内设磁性系统的浮球浮起，触发导管内一个小的干簧触点而产生动作。干簧与液体无直接接触，无磨损和开裂。

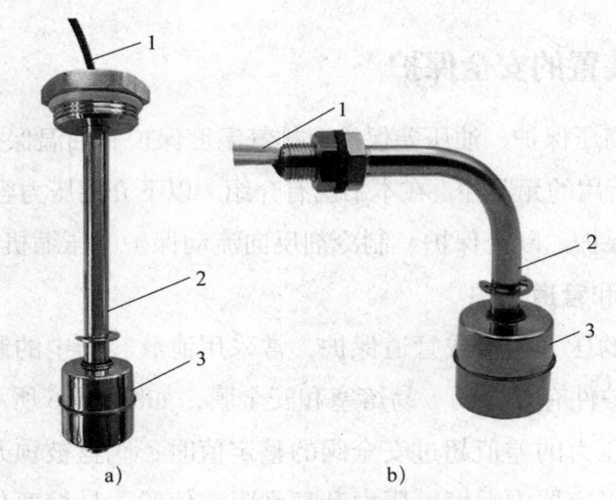

图 1–67　浮球油位开关

a）浮球油位开关样式 1　b）浮球油位开关样式 2

1—开关信号电缆　2—导管　3—浮球

3. 液位保护

（1）液位保护的应用场合

在中型和大型制冷装置中，必须对制冷剂液位进行必要的控制和保护，常见的应用场合如下。

1）气液分离器高液位保护。制冷装置低压侧的气液分离器，一旦液位过高，可能导致压缩机吸气带液，严重时损坏压缩机。

2）制冷剂液泵的保护。在气液分离器或低压循环桶与液泵构成的桶泵供液系统中，桶内液位过低时，液泵容易抽空或发生汽蚀现象而损坏。

（2）浮球液位开关

液位保护常用浮球液位开关。如图 1–68a 所示，浮球液位开关可安装于气液分离器的连通管上，也可直接安装于气液分离器上。直接安装于容器本体时最好加装阀门以便检修。

如图 1–68b 所示，浮球液位开关应用于高液位保护时，其工作原理是：液位过高到达液位开关浮球位置时，浮球浮起，带动套管内顶部的磁铁升起，套管外的磁铁在套管内的磁铁的磁力作用下吸在套管外壁上，从而带动微动开关动作，触点位置发生改变，发出液位过高信号。

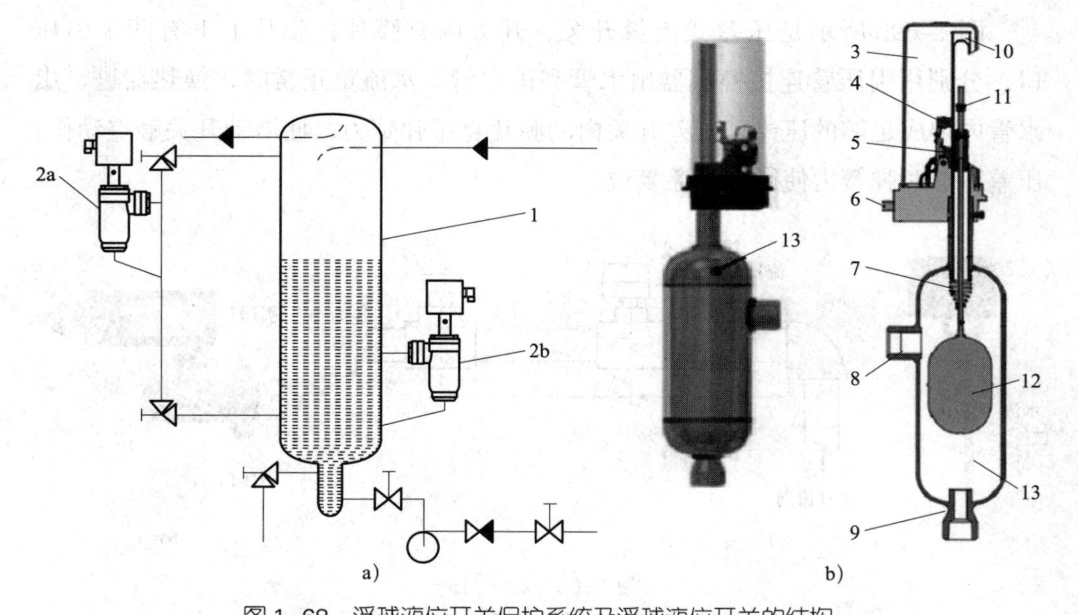

图 1–68　浮球液位开关保护系统及浮球液位开关的结构

a）浮球开关保护系统　b）浮球开关的结构

1—气液分离器　2a—高液位保护液位开关　2b—低液位保护液位开关　3—保护罩

4—磁铁套管外　5—微动开关　6—开关信号接线口　7—弹簧　8—侧接口

9—底部接口　10—套管　11—套管内顶部磁铁　12—浮球　13—浮球室

4. 断流保护

制冷装置的蒸发器用于对载冷液体（如冷冻水或盐水）进行蒸发冷却，运行中一旦发生断流，有冻坏蒸发器中的换热管的风险。

制冷装置的冷凝器采用水冷冷凝器的，运行中一旦发生断流，压缩机排气压力将迅速升高，冷凝器有超压的风险。

水流量过低时引起流体流速过低，将影响蒸发器或冷凝器的换热效率，导致蒸发压力过低或冷凝压力过高，进而影响整个装置的运行效率。

对换热器进行断流保护的装置是流量开关。通常使用流量开关的常闭信号，水流正常时是闭合信号，当流量开关检测到断流或流量过低时开关信号断开，压缩机第一时间联锁停机。常用的流量开关有靶式和压差式两种。

图 1–69a 所示是靶式流量开关，其桨片插入水管中，水流冲击桨片使微动开关触点闭合。安装时根据管径大小选择桨片的长度和数量，注意桨片安装方向（长桨片在来水方向）和角度（与来水方向垂直）；流量开关两侧应留有 A 等于 5 倍管径的直管段；流量开关尽量安装于水平管段，水平管段安装空间不足时可安装于水流向上的立管上。

图 1–69b 所示是压差式流量开关，开关内有膜片，膜片上下有两个引压口，分别用引压管连接换热器出水管和进水管。水流量正常时，换热器进、出水管内形成足够的压差，压差开关内的膜片克服弹簧力，使微动开关触点动作；压差不够时弹簧力使微动开关复位。

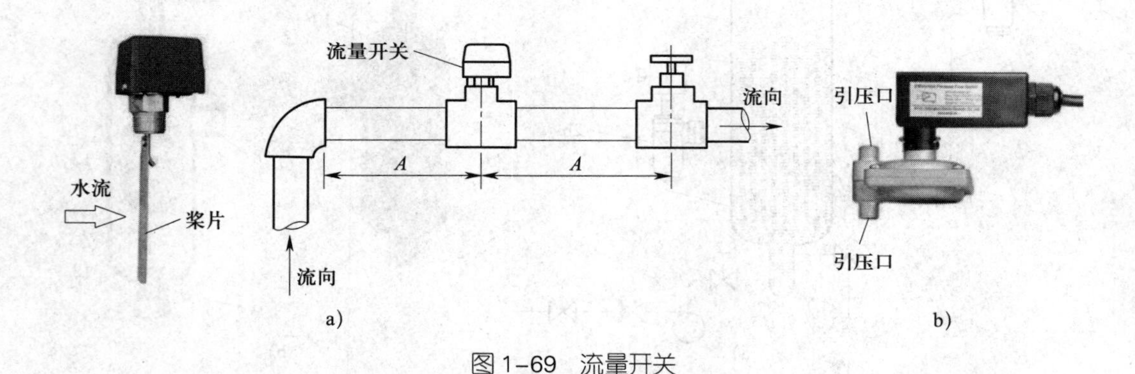

图 1–69　流量开关

a）靶式流量开关　b）压差式流量开关

5. 制冷剂反向流动保护

（1）单向阀的使用位置

用于防止制冷剂反向流动的保护装置是单向阀，又叫止回阀或逆止阀。单向阀在制冷装置中的主要使用位置如下。

1）用在压缩机排气管或吸气管上。防止停机时制冷剂从冷凝器倒流回压缩机，防止停机时压缩机长时间反转；在多台压缩机并联使用的系统中，防止制冷剂从运行的压缩机流向未运行的压缩机的吸入侧。

2）用在液体管上。在热泵系统中，防止制冷剂液体从不用的膨胀机构通过；在逆循环除霜系统中，防止热气返回低压液管；在液泵供液系统中，装在液泵出口管上，防止停泵时液体倒流（类似于水泵多泵并联时水管使用的单向阀）。

3）用在低压气管上。在一机多温冷库系统中，装在温度最低的蒸发器的回气管上，防止停机时制冷剂从高温蒸发器向低温蒸发器迁移。

（2）常用单向阀

常用的用于制冷装置的单向阀如图 1–70 所示。图 1–70a 所示蝶形单向阀应用于压缩机吸气或排气口，防止压缩机停机反转。正向流动的制冷剂压降克服蝶形阀板后的弹簧力使阀打开，反向压降或正向压降不够时阀板关闭。

图 1–70b 和图 1–70d 所示直通式单向阀可应用于液体管路或气体管路，同样是利用正向压降顶开弹簧打开阀门。

图 1–70c 所示升降式单向阀利用正向压降克服阀芯自重打开阀门，正向压降不足或出现反向压降时阀芯在自重下归位关闭阀门。

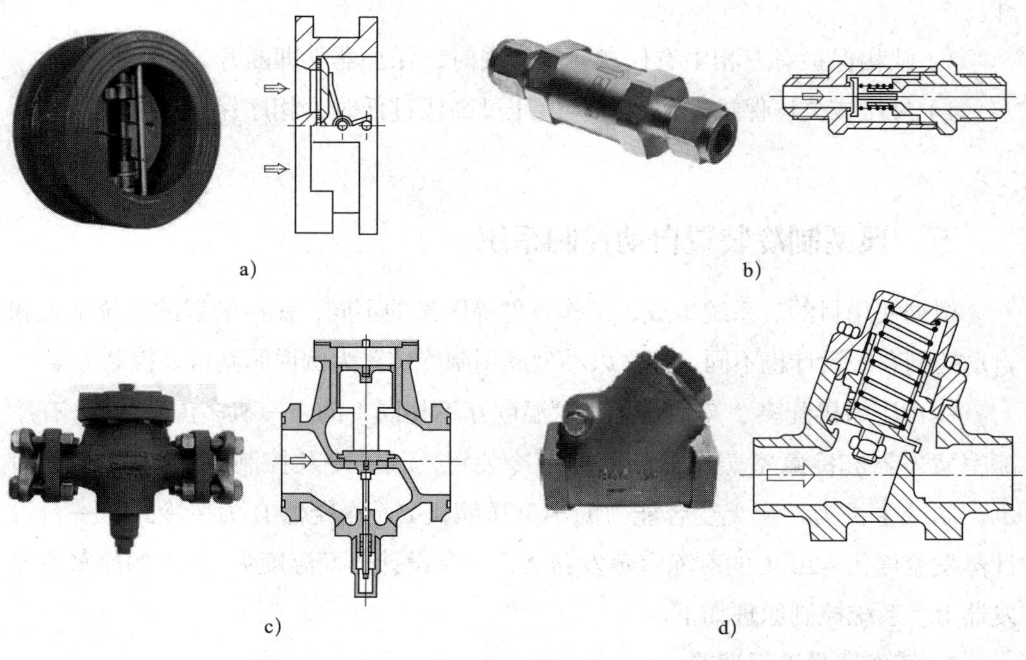

a)　b)　c)　d)

图 1–70　单向阀

a）蝶形　b）、d）直通式　c）升降式

蝶形和升降式单相阀必须水平安装。直通式单向阀既可水平安装，也可垂直安装。

6. 压缩机电动机保护

压缩机电动机瞬时过载或持续过载将会烧毁。常用电流继电器和热继电器在过流或过热时会切断电源，保护电动机。

（1）内置保护

一些压缩机（通常是半封闭或全封闭式）的内置保护，带过热保护、过电流保护、电动机反转保护、缺相保护等功能，用来防止过电流、过载或制冷剂流量低引起高温，或电动机转向不正确造成电动机受到伤害。内置保护能够自动复位。另外，在压缩机内置泄压阀，压缩机排气口超压时泄放到吸气侧。

（2）外部保护

外部保护通常采用断路器结合相序保护器、热继电器实现。

1）电流过载保护。热继电器应能在不超过压缩机额定负载电流的 140% 时断开。回路断路器应能在不超过压缩机额定电流的 125% 时断开。

2）电动机堵转保护。启动或运行中若电动机发生堵转，保护器应瞬时断开。

3）缺相保护。三相中有任意一相缺失时，保护器立即断开。

4）过压或欠压保护。任意一相电压过高或过低时，相序保护器延时保护断开。

五、典型制冷装置自动控制系统

根据使用目的、系统组成、工作条件等因素的不同，制冷装置的系统配置和自动控制系统设计也不同。下文以小型商用制冷装置为例说明其自动控制方案。

一台压缩机配多个蒸发器（蒸发温度互不相同）的“一机多温系统”，有冷冻室蒸发器和冷藏室蒸发器的商业制冷装置，其制冷及控制系统如图 1–71 所示。制冷主机为一台无变容能力的小型压缩机 C，冷凝器 D 为风冷式，一台设计蒸发温度为 –20 ℃的冷冻室蒸发器 A，一台设计蒸发温度为 +5 ℃的冷藏室蒸发器 B。系统控制原理如下。

1. 蒸发器供液量调节

主液管分出两路并联的支液管，分别向蒸发器 A 和 B 供液。每台蒸发器的

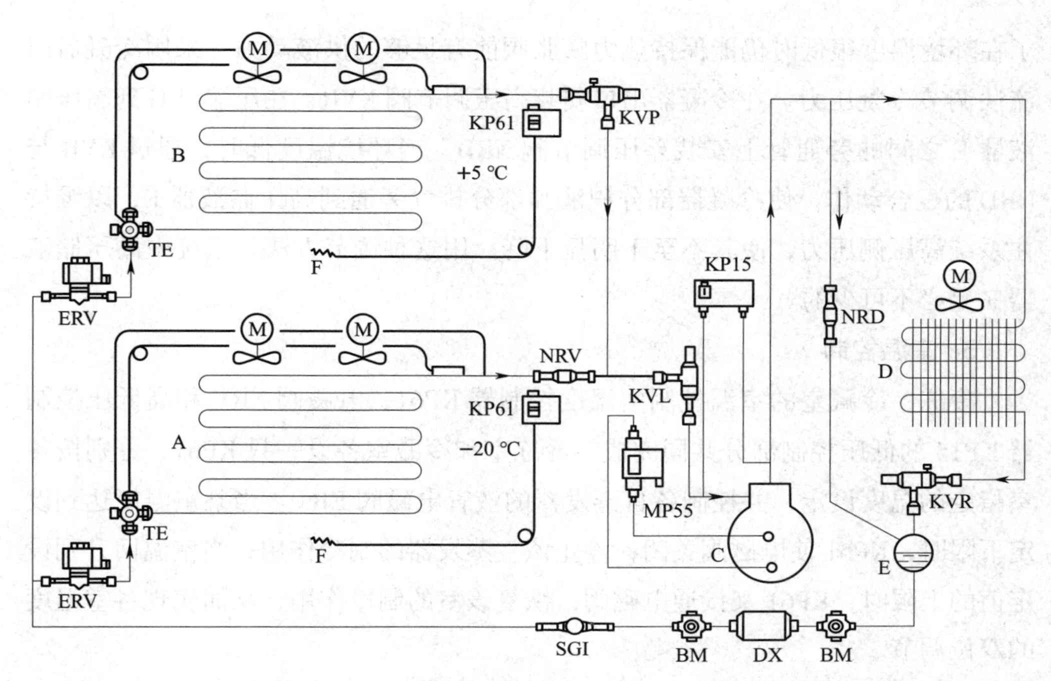

图 1–71　有冷冻室蒸发器和冷藏室蒸发器的商业制冷装置的制冷及控制系统

A—冷冻室蒸发器　B—冷藏室蒸发器　C—压缩机　D—冷凝器　E—高压储液器　M—风扇电动机
F—室温检测部位　TE—热力膨胀阀　ERV—电磁阀　KP61—温度控制器　KP15—高低压控制器
MP55—压差控制器　KVP—蒸发压力调节阀　NRV—止回阀　KVR—高压调节阀
NRD—差压调节阀　BM—手动截止阀　DX—干燥过滤器
SGI—水分指示器　KVL—吸气压力调节阀

支液管上各设一只电磁阀 ERV 和一只外平衡式热力膨胀阀 TE。蒸发器工作时 ERV 才打开，TE 则根据负荷变化调节供液量从而控制蒸发器出口过热度。

2. 蒸发压力调节

两个蒸发器有不同温度要求，在冷藏室蒸发器 B 的出口安装蒸发压力调节阀 KVP，在冷冻室蒸发器 A 的出口安装止回阀 NRV。KVP 的调节作用运行时，在同一回气总管压力下，冷藏室蒸发压力（温度）高于冷冻室蒸发压力（温度），并维持蒸发温度为 5 ℃左右。

3. 吸气压力调节

在吸气总管上安装吸气压力调节阀 KVL。在压缩机启动降温阶段，蒸发压力过高时，通过 KVL 的调节，使吸气节流，控制吸气压力不超限，保护压缩机电动机不超载。

4. 冷凝压力调节

该装置使用风扇不变速的风冷式冷凝器 D，冷凝压力受环境温度影响。为了在环境温度很低时仍能保持热力膨胀阀前有足够的供液动力，采用冷凝器回流法调节冷凝压力。在冷凝器出口安装高压调节阀 KVR，在压缩机 C 到高压储液器 E 之间的旁通管上安装差压调节阀 NRD。当环境温度低时，通过 KVR 与 NRD 的配合动作，使冷凝器部分积液和部分排气旁通到高压储液器 E，以维持住系统高压侧压力，使其不至于明显下降。用这种调节方法，系统中高压储液器 E 是必不可少的。

5. 室温控制

冷冻、冷藏室的室温控制由温度控制器 KP61、电磁阀 ERV 和高低压控制器 KP15 的低压控制部分共同完成。冷冻室和冷藏室各设一只 KP61，分别按各室指定的温度设定，并控制各自蒸发器的液管电磁阀 ERV。当某室温度达到设定下限时，KP61 使电磁阀关闭，停止该室蒸发器的制冷作用；当室温回升到设定值的上限时，KP61 又接通电磁阀，恢复该室的制冷作用，从而实现各室温度的双位调节。

KP15 的低压控制部分起防止吸气压力过低的作用，并在正常运行时控制压缩机正常开停机。在两个室都达到降温要求，两个蒸发器的供液都停止时，蒸发器被抽空，吸气压力下降，当降到 KP15 低压控制部分的断开控制值时，压缩机停机。待两室中有任意一室温度回升到其温控值上限时，它的液管电磁阀 ERV 受 KP61 控制而打开，于是蒸发器进液，吸气压力回升，当升到 KP15 低压部分的接通控制值时，压缩机重新启动运行。

用低压控制压缩机正常开、停机，而不用温度控制器直接控制的好处在于，能够保证压缩机停机前，先将蒸发器的制冷剂抽空，避免停机后较多的制冷剂可能溶解在压缩机油箱中，或下次开机时吸气带液，造成压缩机跑油。

6. 安全保护

高低压控制器 KP15 的高压部分起系统高压侧的超压保护作用。压差控制器 MP55 起油压保护作用。在高压超压或油泵建立不起油压差时，压缩机将故障性停机。

装在冷冻室蒸发器出口的止回阀 NRV 用来防止停机时冷藏室蒸发器中的制冷剂向冷冻室中迁移。

主液管上还安装有水分指示器 SGI 和干燥过滤器 DX。当 SGI 显示含水量超标时，需要拆下 DX，更换或再生干燥剂，清洗滤网。

压力控制器的调整

以 KP 系列压力控制器为例，说明高压控制器（或低压控制器）和高低压控制器的调整操作。

一、操作准备

1. 查阅技术文件

查阅压力控制器现有设定记录，并查阅压力控制器对应的手册，充分掌握调节注意事项。

2. 工器具准备

一字旋具、十字旋具、标定和锁定用具。

3. 材料准备

红油漆、油漆刷。

二、操作步骤

步骤 1　切断电源，标定锁定

如制冷机组在运行中，应先按操作流程将机组停机。停机后切断压力控制器电源。如制冷机组在停机中，确认可以切断电源后，将压力控制器电源切断，将其从电路中隔离出来，并对隔离的电源进行标定锁定，避免触电事故。

步骤 2　调整设定值

如图 1–62 所示的 KP 系列高压（或低压）控制器，从顶部用十字或一字旋具调整压力设定杆 7，即可调整其高压（或低压）设定值。顺时针调节可调高压力设定值，反之则降低设定值。通过调节差动设定杆 6 可调整差动压力，建议不做调整或少做调整。

如图 1–63 所示的 KP 系列高低压控制器，从顶部用十字或一字旋具调整低压压力设定杆 9，即可调整其低压设定值。通过调节低压差动设定杆 8 可调整低压差动压力，建议不做调整或少做调整。用十字或一字旋具调整高压压力设定杆 13，即可调整其高压设定值。高压设定值差动压力不可调整。

步骤 3　恢复电源

解除此前的电源标定和锁定，对压力控制器上电。

步骤 4　开机

确认制冷机组具备开机条件，按操作流程启动压缩机。确认机组启动后低压和高压在正常范围内，机组维持正常运行。

步骤 5　试验保护压力

（1）在不影响生产或运营的前提下，调整机组低压值，如采取更改设定压力、更改设定冷冻水温度、关小供液膨胀阀等方式，使低压压力逐渐下降达到设定压力，观察机组是否低压保护停机。

（2）在不影响生产或运营的前提下，调整机组高压值，如采取调高冷却水温度、调小冷却水流量、关小排气截止阀、手动停止风冷冷凝器机组部分冷却风扇运行等方式，使高压压力逐渐上升达到设定压力，观察机组是否高压保护停机。

步骤 6　恢复低压和高压

将高压控制器和低压控制器的设定压力调整至原设定值。机组故障复位后，将机组重新投入运行，低压侧压力和高压侧压力恢复到合适压力。

步骤 7　记录

记录操作日期、操作人员、被调整的压缩机编号、低压和高压设定值，操作人员签名存档。

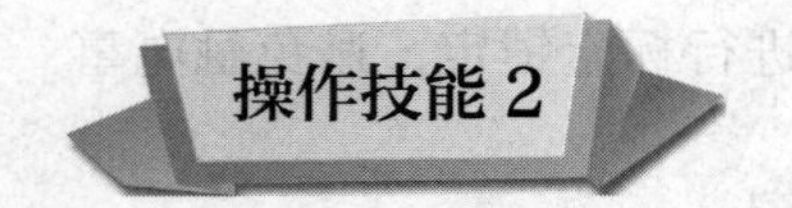

设定自动化制冷装置

以小型制冷装置为例，说明自动化制冷装置的设定。

一、操作准备

1. 查看日志

查看日志记录中的以下事项。

（1）高低压控制器的设定值（包括高压保护值、低压保护值、低压差动值）。

（2）油压差控制器的设定值。

（3）冷藏室、冷冻室温度控制器的设定值（包括压差设定值和差动值）。

（4）冷藏室、冷冻室各自支路热力膨胀阀调节记录。

（5）冷藏室蒸发压力调节阀调节记录。

（6）吸气压力调节阀调节记录。

（7）冷凝压力调节阀调节记录。

2. 工器具准备

一字旋具、十字旋具、活动扳手、内六角扳手、压力表（精度等级 1.6 及以上）、测压软管、接触式测温仪等。

二、操作步骤

步骤 1　调整高压保护值

观察高压设定刻度盘，如需增大高压压力的保护值，使用一字旋具或十字旋具顺时针转动调节螺杆；反之，减小保护值则逆时针转动调节螺杆。

步骤 2　调整低压保护值

观察低压设定刻度盘，如需增大低压压力的保护值，顺时针转动调节螺杆；反之，减小保护值则逆时针转动调节螺杆。

步骤 3　调整低压差动值

观察低压差动设定刻度盘，如需调大差动值，顺时针转动压差调节螺杆；反之，减小差动值则逆时针转动压差调节螺杆。

步骤 4　调整油压差控制器保护值

根据油压差控制器的类型选择旋具，调整时观察指针在刻度盘上的刻度值，直至达到预期的设定值，一般控制在 0.15 ~ 0.2 MPa 范围内。

步骤 5　调整冷藏室或冷冻室温度控制器的设定值

如需调高库温设定值，则顺时针调整设定旋钮，同时观察指针在温度刻度盘上的位置；反之，逆时针旋转旋钮可调低库温设定值。

如发现压缩机启停过于频繁，可适当调大温度控制器的差动值。差动值调整刻度和调整目标值的换算关系应查看温度控制器手册。

步骤 6　调整热力膨胀阀

如发现某库的供液不足，制冷效果不佳，或出现供液过量导致压缩机排气温度过低时，可调整热力膨胀阀过热度。调整前、调整过程中和调整后应使用压力表实测蒸发器出口管道压力，并使用接触式测温仪实测蒸发器出口管道壁面温度（测量处插入探头后应充分隔热，避免影响测量精度），测量压力和温度后计算制冷剂过热度。通常过热度控制在 5 ~ 6 ℃为宜。

如需调高过热度，则顺时针调节热力膨胀阀调整螺杆；反之，逆时针调节则调低过热度。每次调节不超过半圈，调整后观察 15 min 确认是否达到预期效果。

步骤 7　调整冷藏室蒸发压力调节阀

在温度控制器设定合理，热力膨胀阀调节正常的情况下，如发现冷藏室温度始终高于目标温度，应调小蒸发压力调节阀设定压力。

在蒸发压力调节阀上的测压点连接压力表，使用扳手打开调节阀顶盖，然后用内六角扳手逆时针转动调节旋钮，每次调整不超过 1 圈，并观察 5 min 以上，确认压力调整是否达到预期。压力设定应与蒸发压力相对应，并考虑蒸发器压降。

调整结束后拆除压力表，恢复测压口闷塞和顶盖。

步骤 8　调整吸气压力调节阀

运行中发现蒸发压力正常，但吸气压力过低，吸气调节阀始终处于节流状态，或发现每次运行初期吸气压力过高，压缩机可能出现电动机过载时，应调整吸气压力调节阀。

在压缩机吸气管的测压点连接压力表，使用扳手打开调节阀顶盖，然后用内六角扳手逆时针转动调节旋钮。吸气压力过低、节流作用明显时是弹簧压力过大，应逆时针调节设定螺母。调整结束时，调节阀前后压降根据调节阀大小不同，应达到阀门手册中的阀门压降值，一般不超过 30 kPa。

系统运行初期吸气压力过高，电动机易过载，应调大吸气压力调节阀的弹簧力。

每次调整不超过 1 圈，并观察压力表读数，确认压力调整是否达到预期。

步骤 9　调整冷凝压力调节阀

（1）冬季运行时，如发现开机初期冷凝压力升高建立过慢，应调高冷凝压力调节阀设定。

1）在冷凝压力调节阀上的测压点连接压力表，并在机组运行初期执行调节程序。打开调节阀顶盖，准备好调节用的扳手。

2）压缩机启动后，观察压力表压力上升情况，顺时针旋转调节螺钉，每次调整一圈，直至达到调节目标。

（2）运行中发现冷凝压力过高，与储液器之间存在明显压差时，应调低冷凝压力调节阀设定。

在冷凝压力调节阀上的测压点连接压力表，观察压力表压力下降情况，逆时针旋转调节螺钉，每次调整一圈，直至达到调节目标。

步骤 10　记录

恢复现场测压和测温口原状态。记录操作日期、操作人员和调节结果，签字存档。

培训课程 3 补充与回收制冷剂

学习单元 1　制冷剂的鉴别

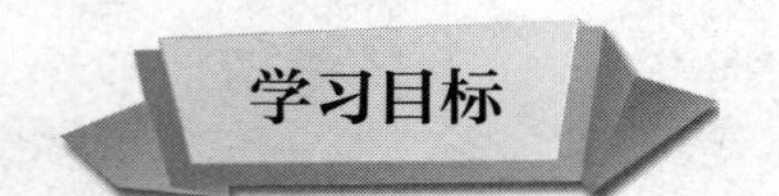

了解制冷剂泄漏的常见部位
掌握制冷剂泄漏的检测方法
能够使用工具鉴别制冷剂

一、制冷剂泄漏的常见部位

制冷剂泄漏的常见部位，主要是制冷压缩机所有可拆卸的连接部和轴封处，螺栓端部、视油镜、蒸发器的各焊接部位，以及各管道和部件（干燥过滤器、截止阀及阀杆、电磁阀、热力膨胀阀液体分配器等）连接处。

二、常用检漏方法与测试要求

1. 试纸检漏

此方法适用于氨系统的检漏。一般是在系统抽真空试验合格后，向系统内注入定量氨液，使系统压力达到 0.3 MPa。若用酚酞试纸检测，遇氨后酚酞试纸呈粉红色；若用石蕊试纸检测，遇氨后试纸颜色由红变蓝。颜色越深说明泄漏越严重。

在用酚酞试纸检漏时，应将检漏处的肥皂液擦干净，否则酚酞试纸遇肥皂液后也会变红，造成错误判断。

2. 肥皂水检漏

这是一种常用、简便易行的方法。将洗衣肥皂切成薄片浸泡在温水中，使其溶为稠状肥皂水；或用肥皂粉泡制。如果在肥皂水中放几滴甘油，则可以使肥皂水保持较长时间湿润，更有助于检漏。

当制冷系统内达到一定压力（低压表压不低于 0.2 MPa）时，用肥皂水涂抹各连接、焊接和紧固等泄漏可疑部位（四周都涂），然后耐心等待 10 ~ 30 min，仔细观察，若发现检查部位有不断扩大的气泡出现，即说明有泄漏。微量泄漏要仔细观察才能发现，开始时肥皂水中只是一个或几个针尖大小的小白点，过 10 ~ 30 min 后才变成大气泡。

当接头在壳体内或被其他部件阻挡，不能观察到接头处是否泄漏时，可采用两种方法，一种是将一面小镜子放到接头背后照看，另一种是用手指把接头背后的肥皂水抹到前面来观察。

检漏工作必须极其细心，对可疑处往往要反复检查。肥皂水检漏操作比较麻烦，且在 0 ℃以下不宜使用。

3. 浸水检漏

将已具有工作压力的设备或零部件整体浸入水中，待水面平静后仔细观察，若有气泡逸出即说明有泄漏点。该方法适用于单体零部件或小型制冷设备的检漏，简便实用，但如需补焊应在被测件释压、烘干后方可进行。

4. 电子卤素检漏仪检漏

电子卤素检漏仪是根据六氟化硫等负电性物质对负电晕放电有抑制作用这一原理制成的。当氟利昂等卤化物气体进入具有特殊结构的电晕放电探头时，就会改变放电特性，使电晕电流减小，经机内电子电路将电晕电流的变化以光和声音的方式反映出来。

（1）使用操作步骤

1）装上电池，打开电源开关，报警扬声器应发出清晰缓慢的“滴答”声。

2）将传感器探头放到需检测的位置并缓慢移动。要求探头移动的速度不大于 0.05 m/s，探头与被测部位之间的距离为 3 ~ 5 mm。

3）当报警扬声器发出的“滴答”声频率加快时，说明有被测气体进入探头，由此可确定泄漏部位。

（2）使用注意事项

1）电子卤素检漏仪的灵敏度很高，有的可测出年漏损量为 0.3 ~ 0.5 g 的微量，因此不适宜在有卤素物质和其他烟雾污染的环境中使用，也不适宜检测泄漏量大的情况，否则易发生误报警或难以确定泄漏部位。

2）使用时应避免油污和灰尘污染探头。若探头保护罩或过滤布被污染，应拆下清洗。可用航空汽油清洗，吹干后再按照原样装好。

3）使用中不可撞击探头。

三、制冷剂鉴别仪

如果制冷操作人员在不了解空调系统或者制冷剂罐的情况下就对系统随意进行操作，则会导致系统组件被腐蚀和损坏、系统压力升高，甚至有可能破坏整个制冷系统。在这种情况下，就需要使用制冷鉴别仪来对充注未知制冷剂的系统或者制冷剂钢瓶进行鉴别检测。制冷剂鉴别仪（见图 1–72）由主机与相关软管组成。

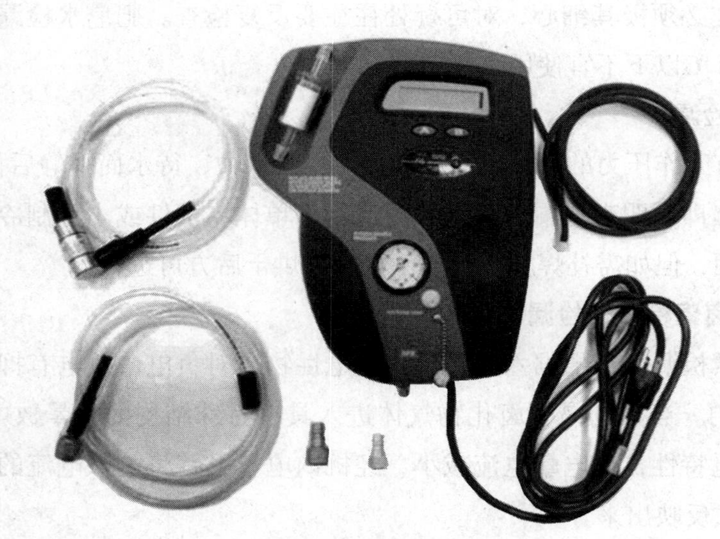

图 1–72　制冷剂鉴别仪

不同型号、不同厂家生产的制冷剂鉴别仪具有不同的针对性功能和特点，但常见的制冷剂鉴别仪都具有以下几个特点。

1. 具有迅速判断能力，在 1 ~ 2 min 内即可显示检测结果。

2. 具有较高的灵敏度。仪器可以准确地判断所检测的制冷剂的纯度是否达到制冷系统的使用标准。

3. 当制冷剂纯度达到仪器检测标准时，可以准确地判断制冷剂的种类。

4. 可鉴别制冷剂中空气含量是否超标。

检测系统泄漏

一、操作准备

对于氨制冷系统准备酚酞试纸、石蕊试纸或肥皂液，对于氟利昂制冷系统准备卤素检漏灯、电子卤素检漏仪或肥皂液；准备通风机一台。

二、操作步骤

步骤 1　通风

打开通风机或排风扇，保持检漏现场通风良好。

步骤 2　观察

仔细观察可疑的泄漏部位，一般泄漏部位有油渍。氨制冷系统泄漏有难闻的氨味，可通过嗅觉进行判断。

步骤 3　检测

（1）对于氨制冷系统，将酚酞试纸用水浸湿，再将试纸放在检测点，若试纸变为红色，即可确认该点泄漏；若将石蕊试纸放在检测点，试纸由红色变为蓝色，即可确认该点泄漏；将肥皂液均匀涂在检测点及其周围，仔细观察，若发现检查部位有不断扩大的肥皂泡出现，即可断定该处泄漏。

（2）对于氟利昂制冷系统，打开电子卤素检漏仪电源开关，将传感器探头放到需检测的位置并缓慢移动，当报警扬声器发出的“滴答”声频率加快时，说明有被测气体进入探头，可确定该处泄漏。肥皂液检漏方法同氨制冷系统。

步骤 4　记录和报告

把泄漏点的位置和泄漏情况等填写在设备运行日志中并上报上级主管部门。

三、注意事项

对于氨系统，检漏时严禁吸烟和明火操作。用肥皂液检漏时，在可疑点及其周围都要均匀涂上肥皂液，并耐心、认真观察，才能发现微量泄漏。

操作技能 2

制冷剂鉴别仪的使用

以 Robinair 16910 型制冷剂鉴别仪为例，说明制冷剂鉴别仪的操作使用过程。

一、操作准备

1. 检查采样出入口是否洁净无堵塞。制冷剂鉴别仪采样出入口如图 1–73 所示。其中采样入口用于连接制冷剂管路，制冷剂样品由此口进入仪器中；采样出口用于检验后排出制冷剂样品，也可用于系统标定期间排出空气。

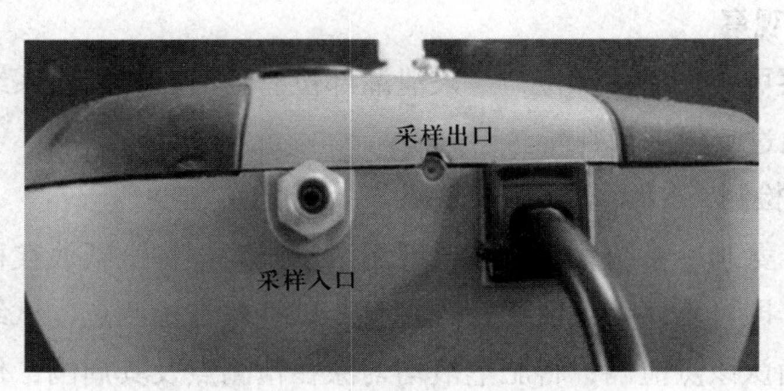

图 1–73 制冷剂鉴别仪采样出入口

2. 选择与制冷系统制冷剂型号一致的采样管，并确定采样管无裂痕、脏堵及污染。

3. 检查制冷剂鉴别仪的过滤器。过滤器中不能有红点，如有红点说明过滤器已被污染，需要更换新的过滤器。

4. 检查制冷剂鉴别仪空气进气口是否洁净无堵塞。制冷剂鉴别仪空气进气口位置如图 1–74 红色方框所示。

5. 检查制冷剂鉴别仪的净化排放口是否洁净无堵塞，并且带有防护帽。净化排放口如图 1–75 所示。

二、操作步骤

步骤 1 开机、预热

连接电源后自动开机，预热时间约为 2 min。

图 1–74 制冷剂鉴别仪空气进气口

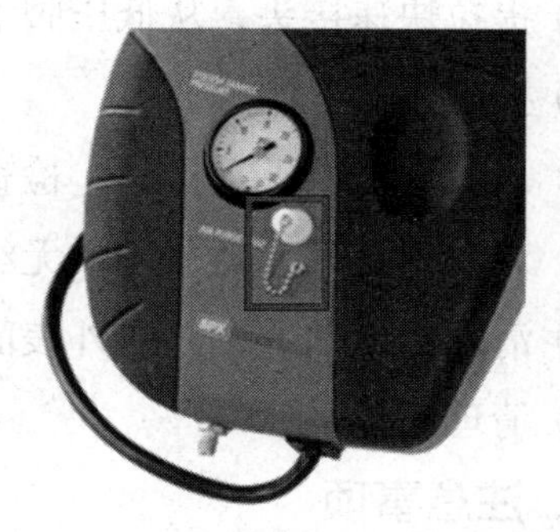
图 1–75 制冷剂鉴别仪净化排放口

步骤 2 海拔高度设定

使用 A 键和 B 键调节海拔高度。每按一次 A 键，海拔升高 100 ft（1 ft ≈ 0.3 m）；每按一次 B 键，海拔降低 100 ft。设定完成后静置 20 s，自动切换到预热模式。

步骤 3 系统标定

预热完成后，自动进行系统标定，时间为 1 min。系统标定用于对仪器内部的测量元件进行归零，同时排出残余的制冷剂。在系统标定过程中，仪器会发出声音。

步骤 4 连接管路、调节压力

将采样管安装在仪器底部的采样入口处。在制冷系统的低压接头上安装低压快速接头，将旋钮逆时针旋转到底，提拉快速接头，将其接在低压阀上。顺时针缓慢旋转旋钮，同时观察仪器的压力表，调节样品压力。

步骤 5 检验样品

按仪器的 A 键，等待检验时间约 1 min。

步骤 6 显示结果

检验过程完成后，仪器显示屏上自动显示结果。显示“PASS”表示制冷剂纯度达到 98% 或更高，通过检验，可以回收。显示“FAIL”表示 R12 或 R134a 的混合物任一种纯度达不到 98%。显示“FAIL CONTAMINATED”表示检验出未知制冷剂，不能显示含量。显示“NO REFRIGERANT–CHK HOSE CONN”表示空气含量达到 90% 或更高，没有制冷剂。

步骤 7 记录与整理

（1）记录检测结果。

（2）关闭采样通道。

（3）提拉快速接头，从低压阀上取下该快速接头。

（4）拔下仪器电源线。

（5）从仪器上取下采样管，检查采样管是否完好。

（6）观察样品过滤器，确认无红斑，如有则更换新的过滤器。

（7）清理制冷剂鉴别仪的外表面。

（8）清理场地。

三、注意事项

1. 要按照仪器显示屏上的提示进行操作。

2. 检查样品出口处（即制冷系统的低压接头）时，需确保制冷剂为气态，不允许有液态制冷剂或油流出。

学习单元 2 制冷剂的补充

掌握制冷系统中制冷剂不足的判断方法

熟悉制冷剂钢瓶的使用注意事项

能够向制冷系统补充制冷剂

一、制冷系统中制冷剂不足的判断方法

制冷系统中的制冷剂不足会大大降低系统的运行效率，甚至达不到所需的温度。判断制冷系统中的制冷剂是否不足通常用综合判断法，即通过系统压力、视液镜、制冷压缩机的工作电流和蒸发器结霜情况等来综合判断制冷系统中的制冷剂是否不足。

1. 系统压力

（1）系统蒸发压力

系统蒸发压力偏低，通常是制冷剂不足引起的，因此可以把系统蒸发压力偏低作为制冷剂不足的判断依据之一。

（2）系统冷凝压力

制冷系统中制冷剂不足时，系统的冷凝压力会偏低。

2. 视液镜

有的制冷系统中，在供液管路中设置有观察制冷剂流动状态的视液镜。若视液镜中长期有气泡，则说明制冷系统中制冷剂不足。

3. 制冷压缩机工作电流

制冷系统中制冷剂充足时，制冷压缩机的工作电流等于其额定运行电流。若制冷系统中制冷剂不足，则制冷压缩机的工作电流会小于其额定运行电流。

4. 蒸发器结霜情况

制冷系统中的制冷剂不足，蒸发器会出现结霜不均匀、结虚霜、蒸发器进口段结霜出口段不结霜等情况。

5. 氨制冷系统的特有现象

对于氨制冷系统，还可以根据以下现象判断制冷剂不足。

（1）高压储液器液面经常低于规定的高度，储液器底部及液体管路比正常时温暖。

（2）库房或盐水温度下降缓慢（非盐水浓度原因），开大供液阀门温度仍不下降。

判断制冷系统中制冷剂不足后，应查出制冷剂不足的原因，如制冷系统初次充注制冷剂不足、制冷系统泄漏等。若为制冷系统泄漏造成制冷剂不足，则应查出泄漏原因并修复后，再对系统补充制冷剂。

二、制冷剂钢瓶的使用注意事项

为了保证生产和人身的安全，制冷剂钢瓶在充装、运输、存放时必须遵守以下安全技术要求。

1. 充装安全

制冷剂大都用钢瓶储存或运输，不同制冷剂因对应于常温的饱和压力各不相同，因此对钢瓶的耐压要求也各不相同，故不同制冷剂钢瓶表面常涂以不同颜色和标以不同代号以示区别，在钢瓶上应标明所存制冷剂的种类、瓶重或容积。

（1）钢瓶的定期检验

盛装制冷剂的钢瓶必须严格遵守《压力容器安全监察规程》和《气瓶安全

监察规程》的规定。钢瓶不得用储液器或其他容器代替，同时必须每三年交当地相关管理部门指定的检验单位进行技术检验，检验合格后打上钢印方可使用。

（2）钢瓶的清洗和干燥

通常情况下，不同的制冷剂应采用固定的专用钢瓶，不能混用。若必须改装别种制冷剂时，应清洗、干燥后方可使用。新制钢瓶或检修后经水压试验的钢瓶也需先进行清洗、干燥。步骤如下。

1）打开钢瓶阀，充入四氯化碳等清洗溶剂。

2）关闭阀门后用力摇动，倒出后再充入新的溶剂，重复清洗后倒出。

3）将钢瓶置于干燥室内抽空 12 h，温度控制在 70 ~ 100 ℃。

4）抽空后关闭阀门，待冷却后即可充装制冷剂。

（3）钢瓶充装前的检查

钢瓶在充装前要有专人进行检查，有下列情况之一者不准充装。

1）漆色、字样和所装气体不符，字样不易识别的钢瓶。

2）附件不全、损坏或不符合规定的钢瓶。

3）不能判别装有何种气体，或钢瓶内没有余压的钢瓶。

4）已搁置较长时间不用或超过检定有效期限的钢瓶。

5）钢印标志不全，不能识别的钢瓶。

6）外观检查有缺陷，如发现瓶壁有裂纹或局部腐蚀，其深度超过公称壁厚的 10%，以及发现有结疤、凹陷、鼓包、伤痕和重皮等缺陷，不能保证安全使用的钢瓶。

（4）钢瓶阀和安全帽的使用要求

钢瓶口上装有钢瓶阀。大容积钢瓶的瓶阀外部都配安全帽（也称保护罩），以保护阀杆和阀体在搬运时不受损坏。拆除钢瓶安全帽时，不得用铁锤或其他工具敲打。钢瓶阀一般为黄铜制成，只有氨钢瓶采用钢质瓶阀。制冷剂钢瓶的瓶阀与氧气瓶不同，为锥形阀。氧气瓶阀为有塑料垫板的平面阀。由于某些制冷剂对塑料垫板有溶解作用，所以在用氧气瓶充装制冷剂时必须更换钢瓶阀。

（5）钢瓶充装的安全要求

1）制冷剂的充装量一般按钢瓶容积要求确定，可按钢瓶标定充装。实际充装量为钢瓶容量乘以充装系数，严禁超量充装。

2）称量用的衡器要准确，衡器的检验期限不得超过三个月。

3）操作人员启闭钢瓶阀门时，应站在阀门的侧面缓慢开启。

4）钢瓶阀冻结时，应把钢瓶移到较温暖的地方，或者用洁净的温水解冻，严禁用火烘烤。

5）立瓶应有防止跌倒的措施，禁止敲击和碰撞。

6）钢瓶不得靠近热源，与明火的距离不得小于 10 m，与暖气片的距离不得小于 1 m。

7）认真填写充装记录，其内容包括充装日期、钢瓶编号、实际充装量、充装人和复核人姓名等。

8）钢瓶用过后应立即关闭钢瓶阀，盖好安全帽，退还库房。

2. 运输安全

为了保证钢瓶的安全运输，应遵守以下安全要求。

（1）轻装轻卸，妥善固定

1）旋紧安全帽，轻装轻卸，严禁抛、滑、滚、拖或撞击钢瓶。

2）装车时应横向放置，头朝一方，妥善加以固定；应装置两道厚度不小于 25 mm 的防振胶圈或其他相应的防振装置，并旋紧安全帽；瓶子下面用三角木块等卡牢。

3）车厢栏板要坚固牢靠，瓶子堆高不得超过车厢高度，放置稳当可靠并用绳索固定牢靠，以确保运输过程中钢瓶不跌落、钢瓶阀不受损坏。

4）不能用电磁起重机来搬运钢瓶，厂内搬运时宜用专用小车。

（2）分类装运，禁止烟火

1）严禁与氧气瓶、氢气瓶等易燃易爆物品同车运输。

2）运输钢瓶的车辆禁止烟火，禁止坐人，并应配备相应的灭火器材和防中毒防化学灼伤的个人防护用具。

（3）防晒防雨，悬挂标志

运输钢瓶的车辆要有防雨遮阳设施，防止雨水侵袭和太阳暴晒；应悬挂危险品运输标志；炎热地区应该遵守当地政府关于夏季装运化学危险物品的有关安全规定。

3. 储存安全

（1）钢瓶集中存放的仓库要求

1）仓库根据容量大小，与相邻建筑物间应有 20 ~ 150 m 的距离。

2）仓库必须是不低于二级耐火等级的单独的单层建筑，地面至屋顶最低点的高度不小于 3.2 m，屋顶应为轻型结构。

3）仓库应采用非燃烧材料砌成隔墙，仓库的门窗应向外开，地面应平整不滑。

4）仓库周围 10 m 内不得存放易燃物品和进行明火作业。

5）仓库内有良好的自然通风或有机械通风设备，仓库的温度不得高于 35 ℃，仓库的取暖设备必须采用水暖或汽暖，不能有明火。

（2）钢瓶储存安全要求

1）放置整齐，妥善固定，留有通道。钢瓶立放时，应设有专用拉杆或支架，严防碰倒；卧放时，头部朝向一方，其堆放高度不应超过五层。安全帽和防振胶圈等附件必须完整无缺。

2）有制冷剂的钢瓶严禁与氧气瓶、氢气瓶同室储存，以免引起燃烧和爆炸，并应在附近设有灭火器材。

3）禁止将有制冷剂的钢瓶储存在机器设备间内。

4）临时存放钢瓶，也要远离热源和防止阳光暴晒。

操作技能 1

向氨制冷系统补充制冷剂

一、操作准备

1. 工器具准备

活动扳手、棘轮扳手、充注管、维修用压力表、磅秤、橡皮手套、防氨面具、防护镜、急救药品。

2. 制冷剂准备

与制冷系统中的制冷剂同型号的制冷剂。

二、操作步骤

向氨制冷系统补充氨制冷剂时，一般是由加氨站通过蒸发器利用制冷压缩机抽吸加氨。系统加氨分投产加氨和补充加氨两种情况，其操作方法和步骤大致相同。下面以补充加氨为例说明其操作步骤。

步骤 1　称重

将氨瓶顺序称重并记录，以便统计充注量。

步骤 2　连接充注管

如图 1–76 所示，将氨瓶倒置于凹形垫块上，瓶头向下倾斜，使其与地面成 35° 左右的角度（安放位置与氨瓶结构有关），并注意氨瓶嘴不要与地面接触；用氨管接好氨瓶与加氨站的接头，要求牢靠且无泄漏。接管应用多层内衬垫并耐压 1.96 MPa 以上的橡胶管。

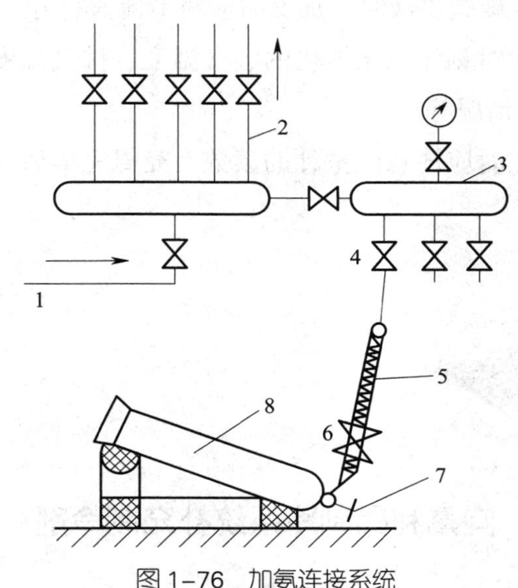

图 1–76　加氨连接系统

1—高压氨液　2—液体调节站　3—加氨站　4、6—阀门　5—加氨管
7—氨瓶阀　8—氨瓶

步骤 3　充注

微开氨瓶阀 7，验证连接系统的牢固性和严密性。然后打开阀门 6 和阀门 4，再逐渐打开氨瓶阀 7，把液氨加入制冷系统。

步骤 4　拆除充注管

待加到氨瓶底部结霜，再充一会儿，氨瓶下部霜层融化，瓶内发出“嘶嘶”声时，则证明氨瓶中氨液已加完，这时应先关闭氨瓶阀 7，然后关闭阀门 6，最后卸下加氨管与氨瓶阀连接的接头。

若需要继续充注，则更换新氨瓶继续加氨，直至所需加注量为止。最后拆除加氨管。

步骤 5　记录

加氨前后对氨瓶称重并记录，累计充注量即为实际加氨量。记录补充制冷剂的制冷系统、充注量、操作时间、操作人员等，最后由操作人员签名。

三、注意事项

1. 制冷剂钢瓶属于压力容器，且液体制冷剂溅到皮肤上会引起冻伤，所以要谨慎操作。充注时操作人员必须戴好橡皮手套，现场备有防氨面具、防护镜及急救药品。

2. 充注现场应保证良好通风，并严禁吸烟和明火作业。

3. 若系统装有浮球阀供液时，加氨时应将节流阀打开，以利于氨液加入。

4. 加氨过程中要时刻注意压缩机的吸气温度、排气温度、压力和油压，以及高压储液器的液面情况等。

5. 用氨槽车充注时应注意流量计的读数。充氨完毕后一般应进行排放空气操作。

向氟利昂制冷系统补充制冷剂

一、操作准备

1. 工器具准备

活动扳手、棘轮扳手、充注管、维修用压力表、磅秤、橡皮手套、防护镜、急救药品。

2. 制冷剂准备

与制冷系统中同型号的制冷剂。

二、操作步骤

向氟利昂制冷系统补充制冷剂，可以从高压侧充注（以下简称高压充注），也可以从低压侧充注（以下简称低压充注）。高压充注具有充注速度快的特点，故适合需向制冷系统大量补充制冷剂的情况；而低压充注则适合系统需补充少量制冷剂的情况

高压充注总是向制冷系统中充注液体制冷剂。低压充注往往是充注气体制冷剂，不过对于采用非共沸制冷剂（如 R404A 等）的制冷系统，则要采用液体充注，此时要严格控制制冷剂的充注速度，以防制冷压缩机发生“液击”。

1. 高压充注

一般情况下，高压充注用于设有供液检修阀的中、大型制冷系统补充制冷剂，从制冷系统的高压侧补充制冷剂液体，充注速度快，如图 1–77 所示。

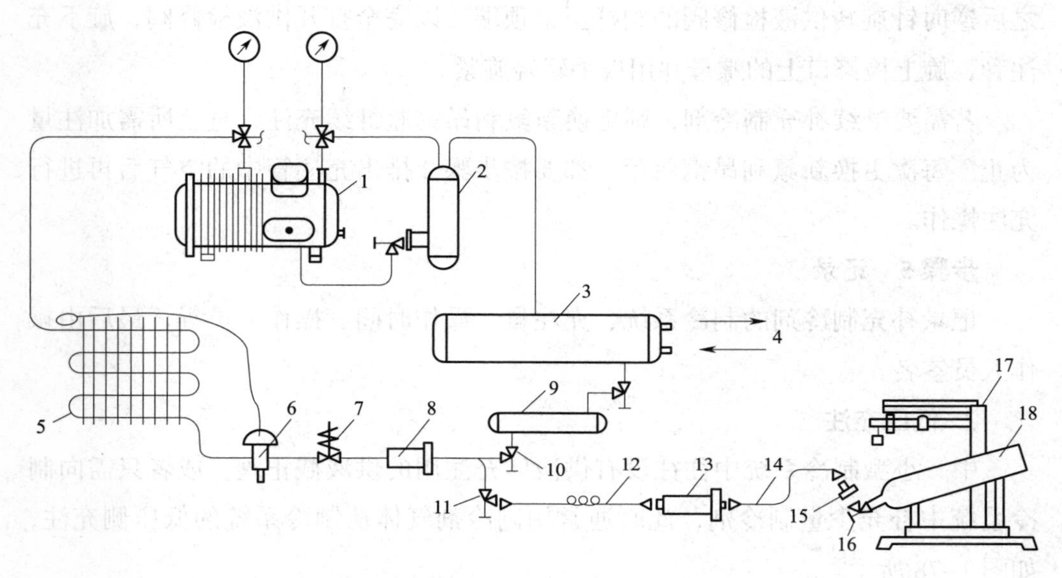

图 1–77　高压充注制冷剂

1—制冷压缩机　2—油分离器　3—壳管式冷凝器　4—冷却水　5—蒸发器　6—膨胀阀　7—电磁阀　8、13—干燥过滤器　9—储液器　10—供液检修阀　11—加液阀　12、14—充注管　15—钢瓶接头　16—钢瓶阀　17—磅秤　18—制冷剂钢瓶

步骤 1　称重

将制冷剂钢瓶 18 放置在磅秤 17 上，记录充注前重量。

步骤 2　连接充注管

将制冷剂钢瓶倒置于凹形垫块上并放置在磅秤上，瓶头向下倾斜，使其与地面成 35° 左右的角度，并注意钢瓶嘴不要与地面接触。

将两根充注管分别连接到一个充注用的干燥过滤器 13 上，再把充注管 14 的另一头旋紧到制冷剂钢瓶的接头上，用扳手旋下供液检修阀 10 检修口上的螺母，将充注管 12 的另一端连接在供液检修阀的检修口上，先旋紧 1 ~ 2 圈，之后稍稍旋开钢瓶阀 16，排出充注管中的空气后旋紧。

步骤 3　充注

用棘轮扳手（若无合适规格的棘轮扳手，可用活动扳手）顺时针旋转供液检修阀的阀杆至最底端，以完全关闭供液检修阀，缓慢打开钢瓶阀即可进行液体充注。

步骤 4　拆除充注管

按从制冷剂钢瓶到制冷系统的顺序依次关闭阀门：先关闭钢瓶阀 16，靠制冷压缩机把从钢瓶阀到供液检修阀 10 管路中的大部分制冷剂抽吸到制冷系统，之后逆时针旋转供液检修阀的阀杆至最顶端，以完全打开供液检修阀，旋下充注管，旋上检修口上的螺母并用扳手轻轻旋紧。

若需要继续补充制冷剂，则更换新氟利昂钢瓶继续充注，直至所需加注量为止。每次更换新氟利昂钢瓶后，都要按步骤 2 排出充注管中的空气后再进行充注操作。

步骤 5　记录

记录补充制冷剂的制冷系统、充注量、操作时间、操作人员等，最后由操作人员签名。

2. 低压充注

中、小型制冷系统中往往没有供液体充注用的供液截止阀，或者只需向制冷系统中补充少量制冷剂，此时通常用制冷剂气体从制冷系统的低压侧充注，如图 1–78 所示。

步骤 1　称重

将制冷剂钢瓶 2 放置在磅秤 1 上，记录充注前重量。

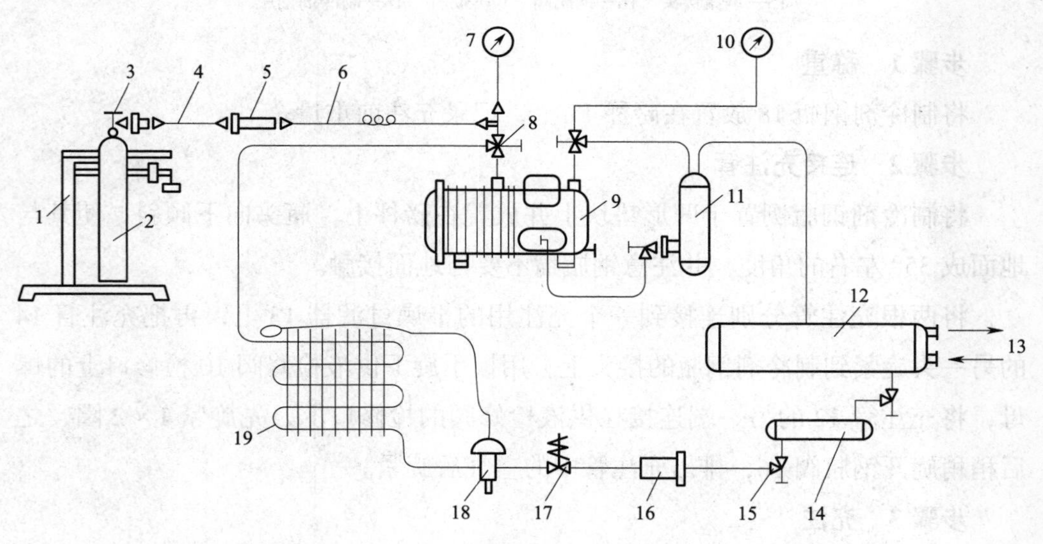

图 1–78　低压充注制冷剂

1—磅秤　2—制冷剂钢瓶　3—钢瓶阀　4、6—充注管　5、16—干燥过滤器　7—低压表　8—吸气三通阀　9—制冷压缩机　10—高压表　11—油分离器　12—壳管式冷凝器　13—冷却水　14—储液器　15—供液检修阀　17—电磁阀　18—膨胀阀　19—蒸发器

步骤 2　连接充注管

将制冷剂钢瓶瓶头向上直立于磅秤上，将两根充注管 4、6 分别连接到充注用的干燥过滤器 5 上，再把充注管 4 的另一端旋紧到制冷剂钢瓶的接头上，用扳手旋下吸气三通阀 8 检修口上的螺母，将充注管 6 的另一端连接在三通阀的检修口上，先旋紧 1 ~ 2 圈，之后稍稍旋开钢瓶阀 3，排出充注管中的空气后旋紧。

步骤 3　充注

用棘轮扳手（若无合适规格的棘轮扳手，可用活动扳手）顺时针旋转吸气三通阀的阀杆 3 ~ 5 圈，使吸气三通阀处于三通状态，再缓慢开大钢瓶阀让制冷剂缓慢进入制冷系统。边充注边观察低压表的读数，充注时低压表的读数不要超过正常运行时低压压力 0.2 MPa。

步骤 4　拆除充注管

按从制冷剂钢瓶到制冷系统的顺序依次关闭阀门：先关闭钢瓶阀 3，靠制冷压缩机把从钢瓶阀到吸气三通阀 8 管路中的大部分制冷剂抽吸到制冷系统，之后逆时针旋转吸气三通阀的阀杆至最顶端，以关闭吸气三通阀上的检修口并使其处于完全打开状态，最后旋下充注管，旋上检修口上的螺母并用扳手轻轻旋紧。

若需要继续补充制冷剂，则更换新氟利昂钢瓶继续充注，直至所需加注量为止。每次更换新氟利昂钢瓶后，都要按步骤 2 排出充注管中的空气后再进行充注操作。

步骤 5　记录

记录补充制冷剂的制冷系统、充注量、操作时间、操作人员等，最后由操作人员签名。

三、注意事项

1. 应向制冷系统充注同型号的制冷剂。

2. 制冷剂钢瓶属于压力容器，且液体制冷剂溅到皮肤上会引起冻伤，所以要谨慎操作。充注时操作人员必须戴好橡皮手套和防护镜。

3. 充注现场应保证良好通风，并严禁吸烟和明火作业。

4. 高压充注时供液检修阀要完全关闭，充注结束拆除充注管前要将其完全打开。

5. 低压充注时为加速充注，可用温水淋浇或浸泡钢瓶，但不能浸入热水，以免发生危险。

学习单元 3　制冷剂的回收

了解制冷剂回收机的用途

能够使用回收机安全回收制冷剂

制冷系统中的制冷剂回收后可进行再生处理后再次使用，这样不仅能降低制冷剂直接排放至大气中对环境的影响，还能降低使用制冷剂的成本。

对于氨制冷系统，可以直接通过加氨调节将氨排放至氨钢瓶中；对于使用氟利昂类制冷剂的制冷系统，则需要使用到制冷剂回收机来回收制冷剂。

制冷剂回收机又称为冷媒回收机，是一种回收制冷剂的设备，用于回收制冷机械，如民用、商用空调、冷柜、热泵机组、螺杆离心机组等制冷机中的制冷剂。回收的同时对制冷剂进行一定的处理，如干燥、杂质的过滤、油分等，以便于制冷剂的二次利用。由于其环保性与经济性，目前广泛应用于家用、商用中央空调，制冷机生产厂家以及制冷设备的售后服务。

目前，制冷剂回收机一般有制冷剂回收、再生和充注等功能。图 1–79 所示为两款目前常用的制冷剂回收机。

a）

b）

图 1–79　制冷剂回收机

a）便携式　b）普通型

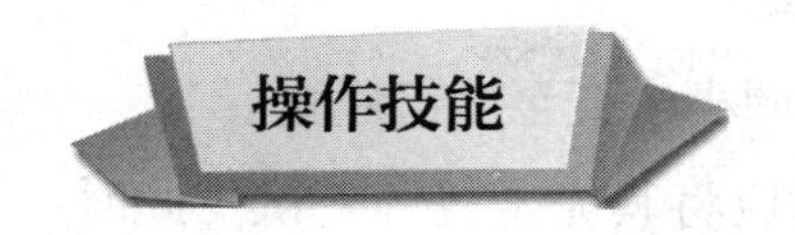

使用制冷回收机安全回收制冷剂

一、操作准备

1. 穿好工作服、劳保鞋，配备好劳保用品，准备好防冻手套。

2. 检查回收机，确保其处于良好状态。

3. 确认所有连接均正确、牢固，如图 1–80 所示。其中，检漏仪用于检测系统的密封性，电子秤用于监控回收制冷剂的重量以避免回收罐过量充注。

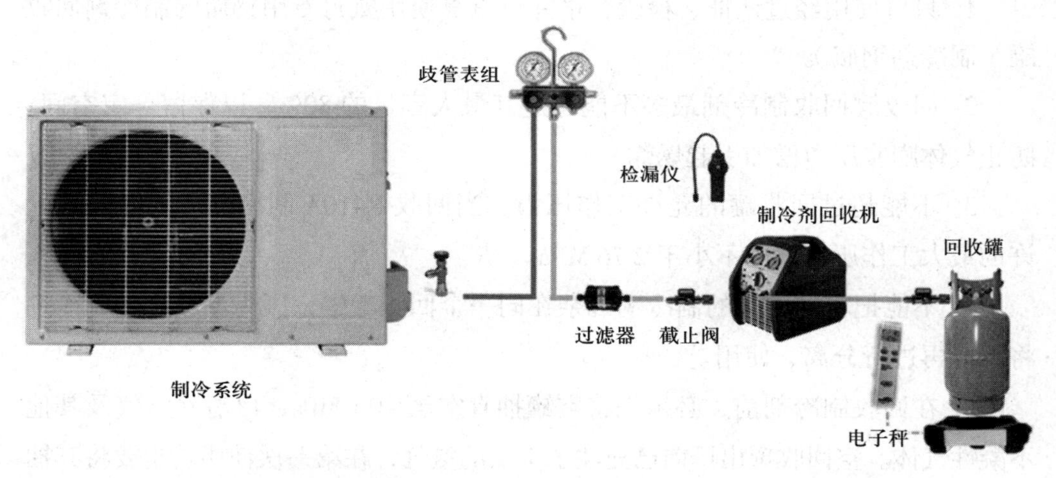

图 1–80 制冷剂回收连接图

二、操作步骤

步骤 1 打开回收罐的液体接口阀。

步骤 2 确保回收机上的“回收 / 自清”阀处于“回收”位置。

步骤 3 抽真空。打开歧管表组上的液态口阀，打开此阀会使液态制冷剂先抽出。液态制冷剂抽出后，打开歧管表组上的气态口阀，完成系统抽空过程。

步骤 4 启动压缩机。将回收机电源线接到 220 V AC、50 Hz 电源上。将电源开关打到“ON”位置，此时可以听到风机转动的声音，之后按下启动开关，启动压缩机。

步骤 5　回收制冷剂。慢慢打开回收机的输入阀。

（1）如果压缩机开始出现撞击，慢慢把输入阀调小，直至撞击停止。

（2）如果输入阀开小了，在抽空液态制冷剂时应将其完全打开一次（此时歧管表组的气态口阀也应打开）。

步骤 6　让回收机运行至所需的真空度。

（1）关闭歧管表组的液态及气态阀。

（2）关闭回收机的电源开关。

（3）关闭输入阀，然后运行“自清”步骤。

注意：每次使用后必须对回收机进行“自清”操作，以清除回收机中残留的制冷剂，防止残留的制冷剂腐蚀系统部件。

三、注意事项

1. 只可使用经过认证、检验合格并可重复使用氦封专用钢瓶的制冷剂回收罐（制冷剂钢瓶）。

2. 回收罐回收制冷剂最多不能超过其最大容量的 80%，以保留一定空间，防止气体膨胀压力增加引起爆炸。

3. 不能超过回收罐的允许工作压力。当回收 R410A 制冷剂时，回收罐允许的最大工作压力值应不小于 2.76 MPa。

4. 不能把不同种类的制冷剂混杂在同一个回收罐中，因为混合后的制冷剂将不能再进行分离、使用。

5. 在回收制冷剂前，必须先将空罐抽真空至 –0.1 MPa，以清除空气及其他不凝性气体。空回收罐出厂前已充注了干燥的氮气，在第一次使用前也要将其抽空。

6. 回收机在未使用时所有阀必须处于关闭位置，不得在空气中开放，以避免空气及空气中的水分进入，从而影响回收效果与回收机的使用寿命。

7. 使用电缆长度要求不得超过 7.6 m（电缆截面积至少为 1.5 mm^2），否则会使电压下降，损坏压缩机。

8. 在入口处必须使用干燥过滤器，并要求经常更换。为了保证回收机的正常运行，应使用说明书中指定的干燥过滤器，优质的干燥过滤器将会提高回收效果。一个干燥过滤器只能过滤同一种制冷剂。

9. 当从压缩机烧毁的系统中回收制冷剂时要特别小心，必须使用两个干燥过滤器。回收完毕后，应用少量干净的制冷剂和制冷油加注到回收机中，以免使任何异常物质遗留在回收机中。

10. 回收机装有高压保护开关，当系统内部压力超过 3.85 MPa 时系统就会自动关闭，重新启动时必须手动恢复。注意回收机内的高压保护开关不能防止回收罐过满。如系统在高压下自动断开（高压保护开关启动）且仍与回收罐相连接时是非常危险的，应立即采取有效措施减小压力或释放过满的回收罐。

11. 当回收罐压力超过 2.07 MPa 时，应采用回收罐冷却降温操作以降低压力。

12. 为了达到最大的回收速率，应使用直径不小于 9.5 mm（3/8 in）的软管，长度不宜超过 0.9 m。

13. 当回收大量液体时，应使用“推拉模式”。

14. 回收结束后要保证回收机内无制冷剂，可进行“自清”操作。残余的液态制冷剂可能在冷凝器中膨胀导致部件损坏。

15. 当回收机长时间不使用时，建议彻底抽空并用干燥的氮气净化处理。

学习单元 4　紧急排放制冷剂

掌握紧急排放制冷剂的方法

能够在紧急情况下排放制冷剂

对于氟利昂制冷系统，由于氟利昂无毒或毒性小、不燃、无爆炸危险，所以需紧急排泄制冷剂的情况多发生于氨制冷系统。需要紧急排泄氨制冷剂的情况有系统严重事故，如制冷管路破裂、阀门爆裂等，或氨制冷压缩机与设备发生爆炸、氨机房发生火灾等。

由于国内许多氨制冷系统设于人口密集区域，氨充注量又相对较多，一旦发生制冷系统大量漏氨、火灾等突发事件，应尽量缩小事故范围、减轻事故影响，务必以公众安全为第一位。

一、系统严重事故

发生制冷系统大量漏氨时，一般都带有突发性。首先要立即尽最大努力堵塞漏点，防止事故扩大；要防止氨大量扩散，防止燃烧，防止爆炸；应立即报警，并报告安全生产管理人员。对于漏氨可能波及的区域，要立即熄灭所有明火、切断电源，转移居民和非抢险人员。切忌惊慌失措，应根据事故部位情况，临危不惧，镇静操作，采取措施，及时排除。

发生漏氨后，应向泄漏点喷射尽可能多的水，以稀释氨液、吸收氨蒸气。如果短时间内不能堵塞泄漏点，且附近人口较多，应紧急泄氨，减少向大气中的泄漏量。

例如，当氨库房排管发生漏氨时，首先应立即关闭该库房的供液阀，同时可以安排压缩机集中抽氨降压或热氨排液。为了查明和处置库内准确的泄漏部位，必须迅速穿戴好防护用品，携带抢修工具或管卡之类的夹具，找准泄漏部位设法堵漏。若库内氨气较浓，可用 10% ~ 15% 乳酸溶液喷雾中和。受氨污染的商品应送卫生防疫部门化验处置。

若中、低压设备（如中冷器、低压储液器、排液桶、氨液分离器等）泄漏，也是要先阻断氨的来源，包括和其他设备的通道；中冷器则必须紧急停止低压级压缩机，迅速关闭供液阀和进气阀，同时借助各种途径使该设备抽气降压。

当高压管道或设备泄漏时，应迅速切断和其他设备的联系，借助平衡管和抽气管等降压。如是容器，则可先将氨液转送至低压储液器、排液桶或库房排管。油分设备泄漏可借助集油器抽氨降压。

无论是低压、中压或高压管道、设备，均需待氨抽空、油放尽后，在阀门敞开使管道或设备与大气相通的情况下进行补焊。

总之，由于漏氨事故发生的对象和条件不同，处理方法也各不相同，但处理的原则是一样的，即找准泄漏部位，决定机器的开停状态，截流堵源、降压排空后修补。

二、火灾

一旦制冷机房发生火灾，首先要立即泄氨，减少可燃物；同时要立即报警，并报告安全生产管理人员。对于火灾可能波及的区域，要立即熄灭所有明火、切断电源，转移居民和非抢险人员。

1. 制冷压缩机与设备爆炸火灾的预防

制冷压缩机与设备爆炸继而造成火灾的原因主要有三种：一是用氧气进行试压，或有氨存在的系统（设备）用空气试压；二是在残存有制冷剂的情况下动火修理；三是超压运行。

根据以上原因，预防制冷压缩机与设备爆炸的主要措施如下。

（1）在任何情况下，均严禁用氧气进行试压，氨系统（设备）不能用空气试压，所有试压、试漏均使用干燥氮气。

（2）动火修理时，应首先确认制冷剂完全排放，氨设备（容器）应用水进行内部冲洗。

（3）严禁私自改装安全保护装置，应定期进行校验，确保不超压运行。

2. 制冷压缩机与设备爆炸火灾的处理

一旦发生制冷压缩机与设备爆炸事故，首先要防止事故扩大，要防止氨大量扩散、防止燃烧扩大、防止连环爆炸，应立即报告安全生产管理人员。为防止氨大量泄漏，要切断事故设备与系统的联系。为防止燃烧、爆炸，要立即熄灭所有明火，切断事故点的电源。应积极抢救伤员，立即联系救护车。具体处理可按下面的步骤进行。

（1）紧急停机，切断机房总电源，确保向紧急泄氨器的供水，并报告安全生产管理部门。

（2）迅速穿戴好防护服和氧气呼吸器。

（3）砸破紧急泄氨器箱的玻璃门，开启水阀，开启泄氨阀；开启高压储液器中间冷却器、低压循环储液器、氨液分离器、排液桶的排液阀泄氨。

（4）砸破消防水龙箱的玻璃门，拉出水龙带，接上消火栓，开水，向火点喷水。

（5）灭火后确认现场无任何明火和高温。

（6）事后 6 h 之内每 30 min 检查一次，以后每小时检查一次。

（7）做好记录，配合事故调查。

紧急排放制冷剂

一、操作准备

1. 工器具准备

木塞、管箍。

2. 防护用品准备

防护服，氧气呼吸器。

二、操作步骤

步骤 1　人身防护

转移居民和非抢险人员，抢险人员要迅速穿戴好防护服和氧气呼吸器。若是机房发生火灾，应在此之前拨打火警报警电话。

步骤 2　切断电源

紧急停机，切断机房总电源。

步骤 3　通水

开启水阀，向紧急泄氨器供水，确保泄氨于水中而不是直接排放到大气中。

步骤 4　泄放制冷剂

（1）若为非火灾情况下的紧急泄氨，则按下面的操作步骤进行。迅速关闭漏氨的管路或设备与其他管路、设备之间的阀门，切断漏氨部位与其他管路、设备的联系。同时向泄漏点喷射尽可能多的水，用木塞、管箍等器具堵塞泄漏点。在安全生产管理人员和技术人员的指导下，尽可能抽出漏氨管路或设备中的氨液。开启泄氨阀，根据实际情况开启高压储液器、中间冷却器、低压循环储液器、氨液分离器、排液桶的排液阀泄氨。必要时，砸破紧急泄氨器箱的玻璃门进行操作。

（2）若为火灾情况下的紧急泄氨，则开启泄氨阀后，直接开启高压储液器、中间冷却器、低压循环储液器、氨液分离器、排液桶的排液阀泄氨。必要时，砸破紧急泄氨器箱的玻璃门进行操作。

步骤 5　紧急撤离

（1）非火灾时的紧急泄氨，抢险人员确认完成上述泄氨操作后，应迅速撤离事故现场。

（2）在火灾情况下，完成上述泄氨操作后，在消防人员到来之前，抢险人员还应进行灭火后再撤离现场。

步骤 6　上报

做好抢修记录并上报，同时抢险人员要配合事故调查。

三、注意事项

遇到氨制冷系统严重事故需紧急泄氨时，切忌惊慌失措，应根据事故部位情况，临危不惧，镇静、准确、快速操作。

职业模块 2 处理故障

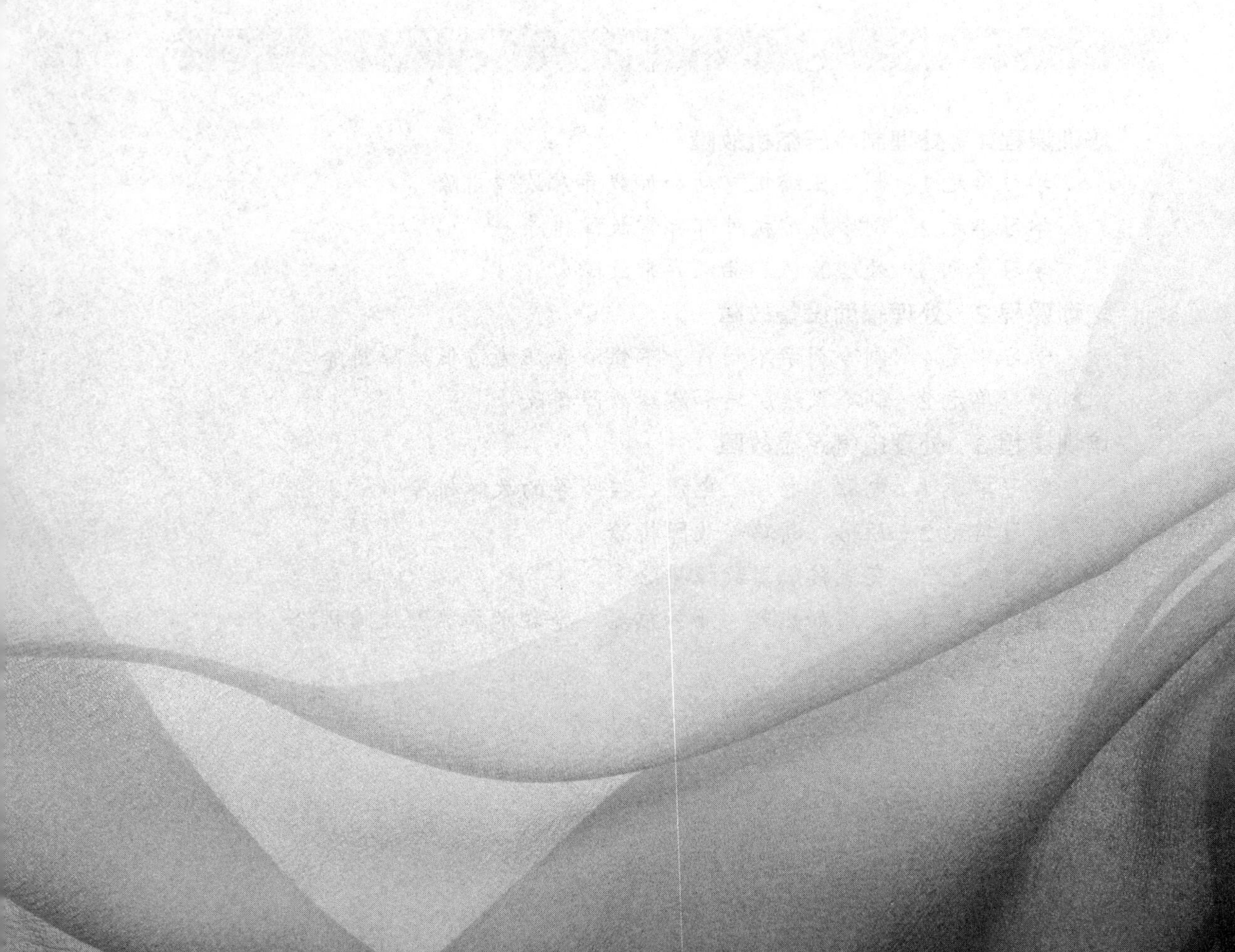

培训课程 1 处理制冷压缩机故障

学习单元 1 制冷压缩机启动和加载异常故障排除

熟悉制冷压缩机启动和加载异常的主要原因

能够排除制冷压缩机启动和加载异常故障

一、制冷压缩机启动故障的原因

压缩机启动故障原因有两类，一类是由电气控制系统电路及元件故障造成的，另一类则是由外部原因造成的。

1. 电气控制故障

（1）电源中断或三相电源缺一相。

（2）压力继电器调整不当。

2. 外部原因

（1）油压过低，压差控制器动作使压缩机停止运转。

（2）给水阀门未打开，水量不足或压缩机排气截止阀门未开足，使排气压力过高，造成压力继电器动作。

（3）低压压力过低，造成压力继电器动作。

二、制冷压缩机不加载的常见原因

油路有泄漏、油过滤器脏堵、曲轴箱中油量不足等，均会造成油压过低，使供给卸载活塞的润滑油压力不够、油量不足，从而出现制冷压缩机不加载故障。

1. 油路故障

（1）油管路中有泄漏，会造成油压过低。

（2）润滑油太脏，污垢堵塞了吸油口油过滤网，会造成油压过低。

（3）油泵输油管路阻塞，此时油压表压力较高而实际输油量却很低。

（4）油压调节阀调整不当或损坏，旁通量过大，导致油压过低。

2. 其他故障

（1）制冷压缩机曲轴箱中油量不足，也会造成油压过低。

（2）油泵故障，如油泵有泄漏，油泵齿轮磨损严重而造成齿轮间隙或端面间隙过大，油泵传动块磨损严重等。

制冷压缩机启动和加载异常故障排除

一、操作准备

1. 查看日志

查看运行日志上记录的低压控制器设定值、油位水平、油泵维护或更换的日期、油路维护日期、油压调节阀设定值等。

2. 工器具准备

充油管、扳手、旋具、胀扩口器、割刀。

3. 材料准备

润滑油、电磁阀、密封垫、油泵齿轮、油泵传动块、油管、铜管、汽油、毛刷、容器、油压调节阀。

二、操作步骤

步骤 1　确认蒸发压力

若制冷系统的蒸发压力低于低压控制器的设定值，则制冷压缩机处于低压保护停机状态，制冷压缩机不会启动，也不会加载。此时应检查低压控制器的设定值是否正确，若不正确应进行调整。

步骤 2　检查油位

检查制冷压缩机曲轴箱的油位，若油位过低，则补充指定牌号的润滑油至合适水平。

步骤 3　检查油路过滤器

（1）检查排油口油过滤器的压差控制器是否动作，若已动作，说明此过滤器脏堵严重，应拆下油过滤器，清洗过滤网。

（2）检查吸油口油过滤网是否脏堵，若脏堵，应拆下油过滤器，清洗过滤网。

步骤 4　检查油路电磁阀

对于采用电磁阀接通或切断压力油的能量调节油路系统，检查电磁阀的动作是否正常。若不正常应维修或更换。

步骤 5　检查油管路

（1）检查油管路是否有泄漏。常见的泄漏原因为油管破裂、油管与油分配阀的接头连接处松动、油管与油分配阀接头连接处喇叭口损坏等，可通过更换油管、拧紧连接处的纳子、重新制作喇叭口等来排除泄漏故障。

（2）检查油泵输油管路是否通畅，若有堵塞等情况，应排除堵塞，保证油泵输油管路畅通。

（3）检查油压调节阀。若油压调节阀的设定值偏小，应重新调整油压调节阀，设定合适的压力值。若油压调节阀损坏，应更换油压调节阀。

步骤 6　检查油泵

（1）检查油泵端盖密封处是否有泄漏，若有泄漏应更换密封处的垫片。

（2）检查油泵齿轮的磨损情况，若磨损严重，齿轮间隙或端面间隙过大，则应更换油泵齿轮。

（3）检查油泵传动块的磨损情况，若磨损严重，则应更换油泵传动块。

步骤 7　确认

（1）以八缸开启式氨制冷压缩机为例，转动油分配阀手柄，由刻度盘上的 0 刻度依次至 1/4、1/2、3/4、1 刻度，确认制冷压缩机的加载情况正常。

（2）转动油分配阀手柄，由刻度盘上的 1 刻度依次至 3/4、1/2、1/4、0 刻度，确认制冷压缩机的减载情况正常。

步骤 8　记录

记录操作日期、操作人员、故障部位及故障情况描述、故障处理方法以及处理故障后的油压值等，最后由操作人员签名。

三、注意事项

注意查看制冷压缩机的排气压力，确认排气压力是否过高。

学习单元 2　制冷压缩机外部异常故障排除

熟悉制冷压缩机外部异常故障产生的原因

能够处理制冷压缩机外部异常故障

一、异常声响

在制冷压缩机出现的异常声响中，以碰撞声和尖叫声最为常见。

1. 碰撞声

制冷压缩机的碰撞声，主要是由于固定管道的固定座脱落，管道相互碰撞而发出碰撞声。

制冷压缩机在工作的时候会产生强烈的振动，这些振动会随着管道传递很远。想要减小噪声，需要在压缩机出口设置减振弯道，并需要将管道用固定夹牢牢固定在坚实的制冷机组架上，或固定在地面上。

在机组长时间运行过程中，还会出现固定夹脱落或松动的情况。这个时候就会出现管道与固定位置碰撞而产生的“嗒嗒嗒”声，并会有管道振动产生的声音。

2. 尖叫声

制冷压缩机出现尖叫声，往往是以下原因造成的。

（1）传动带损坏

传动带损坏的主要表现是传动带内部的橡胶蜡线被拉断，制冷压缩机运转时被拉断的橡胶蜡线与传动带相互拍打，产生“吱吱吱”或“啪啪啪”的声音，声音越来越大，直至传动带彻底拉断。

（2）联轴器的弹性圈磨损

联轴器的弹性圈是用橡胶材料做成的，弹性圈严重磨损后，联轴器就会发出“嘎吱嘎吱”的金属摩擦声，若不及时处理就会破坏联轴器。

制冷压缩机出现异常声响后，必须马上停机进行处理。

二、异常振动

制冷压缩机正常运行时，其振动平稳，由此振动而产生的噪声较为柔和。若制冷压缩机出现上下、左右的剧烈振动，并伴随“嗒嗒嗒”的声音，则表明制冷压缩机出现了异常振动故障。制冷压缩机出现异常振动故障，通常是其地脚螺栓松动引起的。处理此类故障，旋紧制冷压缩机地脚螺栓即可。

对于某些制冷机组，在制冷机组出厂时，为了避免机组在运输过程中制冷压缩机的异常摆动，会在压缩机地脚下面安装运输卡箍。制冷机组在现场安装完毕投入运行之前，应将此运输卡箍取下，并安装好制冷压缩机随机带的橡胶减振垫。否则，制冷压缩机也会出现异常振动。

对于开启式制冷压缩机，若联轴器的连接螺栓松动，也会出现压缩机异常振动。处理此类故障，应切断制冷压缩机电动机电源，待制冷压缩机停止运转后，旋紧联轴器连接螺栓即可。

制冷压缩机若长时间处于异常振动状态，会造成与其连接的制冷管道、油管等疲劳断裂，进而出现制冷剂泄漏、润滑油泄漏等情况。

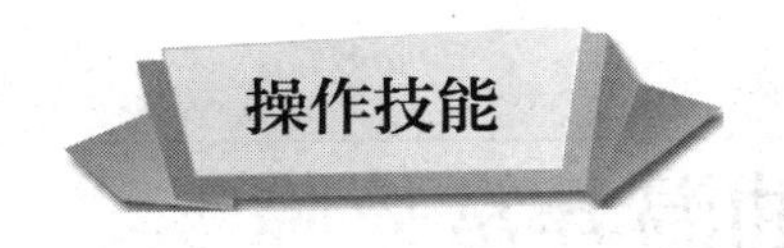

处理制冷压缩机异常声响故障

一、操作准备

工器具准备：万用表、活动扳手。

二、操作步骤

步骤 1　检查联轴器

切断制冷压缩机电动机电源，待制冷压缩机停止运转后，检查联轴器的连接螺栓是否松动。若松动，用活动扳手旋紧联轴器连接螺栓即可。对于弹性联轴器，检查其弹性圈是否磨损严重，若是则更换弹性圈。

步骤 2　检查地脚螺栓

（1）检查制冷压缩机的地脚螺栓是否松动，若地脚螺栓松动，用扳手旋紧地脚螺栓即可。

（2）检查制冷压缩机的运输卡箍是否卸下，若没有卸下，应停机后卸下卡箍，并将制冷压缩机随机带的橡胶减振垫安装好。

步骤 3　检查管道

检查制冷压缩机的管道固定卡箍是否松动，若有松动，用扳手将卡箍旋紧即可。

步骤 4　记录

记录操作日期、操作人员、故障部位及故障情况描述、故障处理方法、处理故障后的运行情况，最后由操作人员签名。

三、注意事项

检查联轴器时，必须在切断制冷压缩机电动机电源，待制冷压缩机停止运转后进行操作。检查制冷压缩机的地脚螺栓是否松动，或发现地脚螺栓松动后用扳手旋紧地脚螺栓时，操作人员要防止触碰到制冷系统低压管路被冻伤，同时也要防止触碰到高压管路被烫伤。

学习单元 3　处理油压和油温异常故障

能够查出油压和油温异常故障的原因

能够排除制冷压缩机油压故障

一、油压异常故障分析

1. 油压异常的危害

在压力润滑系统中，油泵出口压力必须克服曲轴箱内制冷剂压力，才能将润滑油输送到各摩擦表面建立油膜。制冷压缩机在刚启动的十几秒或几十秒时间之内油压应逐渐升高，之后便稳定在一个合适的压力值，过高或过低的油压对制冷压缩机的运行都是不利的。

油泵压力过低会造成各摩擦表面的干摩擦，还会使卸载、能量调节机构动作迟缓。油泵压力过高，容易损坏油泵轴、键及传动件，还会使摩擦表面的油膜过厚，制冷压缩机排油量增加。油泵压力过高或过低时，应及时调节油压调节阀。若调整无效果，应进行分析检查。

2. 油压异常的常见原因

油压异常的常见原因有油泵故障和油路故障。

（1）油泵故障

1）油泵有泄漏，会造成油压过低。

2）油泵齿轮磨损严重，齿轮间隙或端面间隙过大，则油泵效率降低，输油量减少，油压降低。

3）油泵传动块磨损严重，压缩机曲轴不能有效通过传动块来驱动油泵运转，导致油压降低。

（2）油路故障

油路有泄漏，油过滤器脏堵等，均会造成油压不正常，油量不足。

1）油管路中有泄漏，会造成油压过低。

2）润滑油太脏，污垢堵塞吸油口油过滤网，会造成油压过低。

3）油泵输油管路阻塞，会造成油压表压力较高而实际输油量却不足。

4）油压调节阀调整不当或损坏，旁通量过大或过小，会导致油压过低或过高。此外，若制冷压缩机曲轴箱中油量不足，也会造成油压过低。

二、油温异常故障分析

1. 油温异常的危害

在正常条件下，油温比平时高出 10 ℃以上或负载不变而油温不断上升（在冷却装置运行正常的情况下），则可判断为压缩机油温出现异常。

压缩机油温度越高，油的黏度就越低，油的黏度过低时会影响润滑效果，这样不利于压缩机油在压缩机相关运动部件之间形成油膜，会使运动部件之间的磨损加大，从而产生较大的振动。但压缩机油温也不是越低越好，一般压缩机油温要控制在 80 ~ 90 ℃。温度过高或过低会影响到油的效果，导致压缩机的使用寿命受影响。

2. 油温异常的常见原因

（1）排气压力过高。

（2）吸、排气阀片破损或阀板垫片被击穿。

（3）压缩机自动能量调节装置失效。

（4）润滑油质量不好或脏污。

（5）压缩机运动部件（十字头、连杆、轴承、曲轴轴承等）配合间隙太小，或者中间夹有较硬的金属颗粒。

（6）油冷却器中的冷却水管内水污物太多，管子堵塞，对润滑油不起冷却作用。

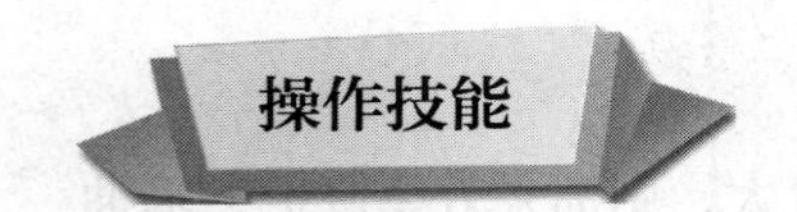

排除油压异常故障

一、操作准备

1. 查看日志

查看运行日志上记录的油位水平、油泵维护或更换日期、油路维护日期、油压调节阀设定值等。

2. 工器具准备

充油管、扳手、旋具、胀扩口器、割刀。

3. 材料准备

润滑油、密封垫、油泵齿轮、油泵传动块、油管、铜管、汽油、毛刷、容器、油压调节阀。

二、操作步骤

步骤 1　检查油位

检查制冷压缩机曲轴箱的油位，若油位过低，则补充指定牌号的润滑油至合适水平。

步骤 2 检查油泵

（1）检查油泵端盖密封处是否有泄漏，若有泄漏应更换密封处的垫片。

（2）检查油泵齿轮的磨损情况，若磨损严重，齿轮间隙或端面间隙过大，则应更换油泵齿轮。

（3）检查油泵传动块的磨损情况，若磨损严重，则应更换油泵传动块。

步骤 3 检查油管路

（1）检查油管路是否有泄漏。常见的泄漏原因为油管破裂、油管与油分配阀的接头连接处松动、油管与油分配阀接头连接处喇叭口损坏等，可通过更换油管、拧紧连接处的纳子、重新制作喇叭口等来排除泄漏故障。

（2）检查排油口油过滤器的压差控制器是否动作，若已动作，说明此过滤器脏堵严重，应拆下油过滤器，清洗过滤网。检查吸油口油过滤网是否脏堵，若脏堵，应拆下油过滤器，清洗过滤网。

（3）检查油泵输油管路是否通畅，若有堵塞等情况，应排除堵塞，保证油泵输油管路畅通。

（4）进行以上操作后，若油压仍不正常，应重新调整油压调节阀，使油压至合适的压力值。若油压调节阀损坏，则应更换油压调节阀。

步骤 4 记录

记录操作日期、操作人员、故障部位及故障情况描述、故障处理方法、处理故障后的油压值等，最后由操作人员签名。

三、注意事项

若油压异常故障是由于油泵端盖密封处泄漏或油管破裂、油管与油分配阀的接头连接处松动、油管与油分配阀接头连接处喇叭口损坏等原因造成的，由此可能会造成氨制冷剂泄漏，此时应注意防止操作人员发生氨中毒事故。

培训课程 2

处理辅助设备故障

学习单元 1 制冷剂泵不动作、不供液和压力过低故障排除

学习目标

熟悉制冷剂泵不动作、不供液和压力过低故障的主要原因

了解制冷剂泵不动作、不供液和压力过低故障的危害

掌握制冷剂泵不动作、不供液和压力过低故障的排除方法

一、制冷剂泵的结构及工作原理

制冷剂泵安装在氨制冷系统中，用来输送循环桶中的氨液，使其再次进入蒸发器进行蒸发。制冷剂泵分为屏蔽泵、磁力泵等。

1. 屏蔽泵的结构及工作原理

屏蔽泵属于离心泵的一种特殊形式，主要由泵体、叶轮、定子、转子、前后导轴承及推动盘组成。电动机与泵合为一体，定子、转子表面分别用非磁性薄壁材料包封，转子由前后导轴承支承，浸在输送的介质中。转子轴端装有叶轮，形成无轴封的结构，以达到无泄漏输送的目的。屏蔽泵的结构如图 2–1 所示。

普通离心泵的驱动是通过联轴器将泵的叶轮轴与电动机轴相连接，使叶轮与电动机一起旋转而工作，而屏蔽泵属于离心式无密封泵，泵和驱动电动

机都被密封在一个被输送介质充满的压力容器内，此压力容器只有静密封，并由一个导线组来提供旋转磁场并驱动转子。这种结构取消了传统离心泵具有的旋转轴密封装置，故能做到完全无泄漏。屏蔽泵把泵和电动机连在一起，电动机的转子和泵的叶轮固定在同一根轴上，利用屏蔽套将电动机的转子和定子隔开，转子在被输送介质中运转，其动力通过定子磁场传给转子。

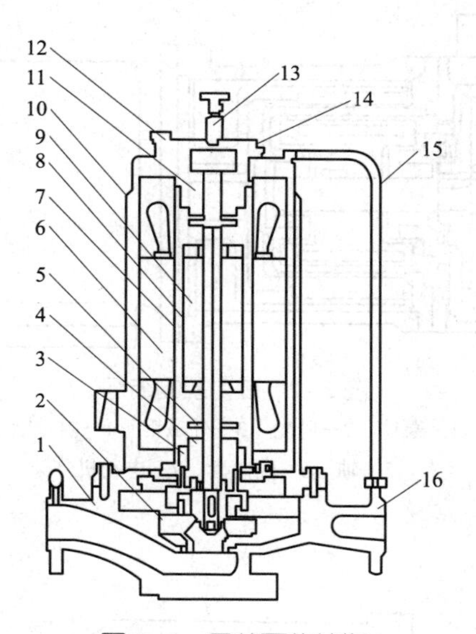

图 2–1 屏蔽泵的结构

1—泵体 2—叶轮 3—平衡端盖 4—下轴承座 5—推动盘 6—定子组件 7—定子屏蔽套 8—转子屏蔽套 9—转子组件 10—机座 11—轴套 12—石墨轴承 13—排出水阀 14—上轴承 15—循环管 16—过滤网

2. 磁力泵的结构和原理

磁力传动泵简称磁力泵。与屏蔽泵一样，磁力泵在结构上只有静密封没有动密封。所以可以在输送液体时无泄漏。该泵类主体结构还是离心泵，但驱动则采用磁传动原理。磁力泵的结构如图 2–2 所示。

磁力泵的磁力传动是在普通离心泵基础上的应用，运用磁传动原理，即利用磁体能吸引铁磁物质以及磁体或磁场之间有磁力作用的特性（非铁磁物质不影响或很少影响磁力的大小），无接触地透过非磁导体（隔离套）进行动力传输，这种传动装置称为磁性联轴器。如图 2–3 所示，电动机通过联轴器和外磁钢连在一起，叶轮和内磁钢连在一起。在外磁钢和内磁钢之间设有全密封的隔离套，将内、外磁钢完全隔开，使内磁钢处于介质之中。电动机的转轴通过磁钢间磁极的吸力直接带动叶轮同步转动，达到输送介质的目的。磁力泵的工作原理是电动机带动磁力泵外磁转子通过磁场作用与内磁转子连接并且带动磁力泵的叶轮运转，当磁力泵里面充满了液体时，叶轮在电动机高转速的运行带动下，在转动过程中一面不停地吸入液体，一面又连续地将吸进的液体排出。

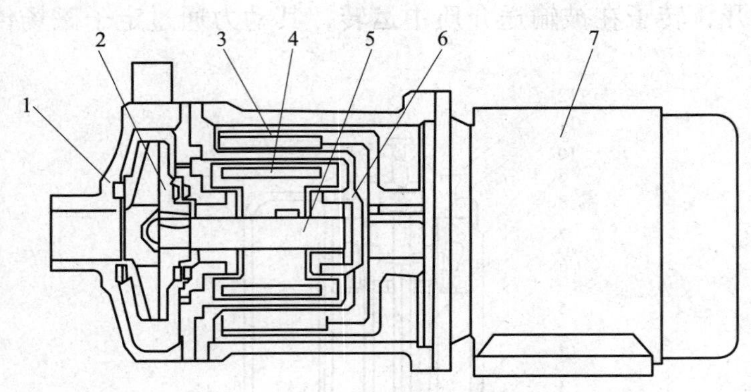

图 2-2　磁力泵的结构

1—泵体　2—叶轮　3—外磁钢　4—内磁钢

5—轴　6—隔离套　7—电动机

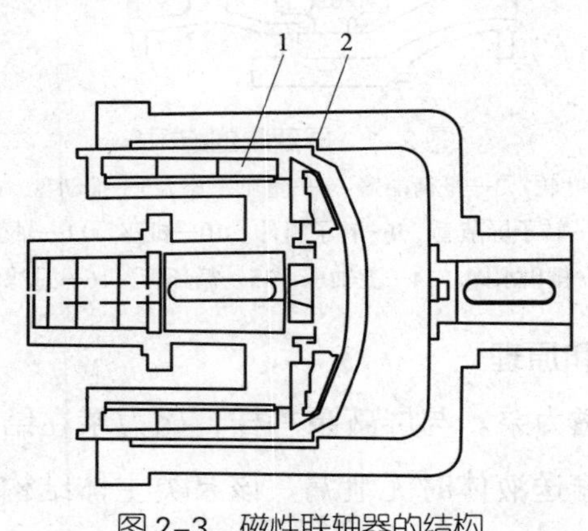

图 2-3　磁性联轴器的结构

1—内磁钢　2—外磁钢

二、制冷剂泵不动作、不供液和压力过低故障的原因与危害

1. 制冷剂泵不动作故障分析

（1）电源供电故障

制冷剂泵不动作，首先需要排除的故障就是电源故障。排除电源故障首先需要测量电压是否正常，其次需要排除控制器故障，对串联在制冷剂泵控制电路上的所有控制器进行检测，测试其是否为导通状态。

（2）电动机故障

导致制冷剂泵不动作的故障原因还有电动机线圈烧毁故障，可以把制冷剂泵的接线端拆开，用万用表测量接线端电阻值是否正常。

（3）机械故障

导致制冷剂泵不动作的另一类故障是机械故障，如制冷剂泵转子卡阻，由于长时间润滑不良使轴磨损严重导致轴卡死，可以通过摸机器外壳是否发热来判断是不是此类故障。

2. 制冷剂泵不供液故障分析

制冷剂泵不供液故障是由很多原因造成的。首先需要检查制冷剂泵的转速是否正常，如果转速过低会出现不供液现象；还需要检查制冷剂泵前的阀门是否完全打开、过滤网是否有堵塞，并听制冷剂泵是否有汽蚀的声音。这些都会导致制冷剂不供液故障出现。

3. 制冷剂泵压力过低故障分析

制冷剂泵压力过低，首先需要检查泵的扬程是否过小，如果扬程选择过小就会导致压力过低；还需要检查进液管道是否有泄漏，泄漏也会导致泵内压力过低。

制冷剂泵不动作、不供液和压力过低故障排除

一、操作准备

准备好各种工具、器具、辅助材料，如万用表、钳形电流表、清洁布、套筒扳手、活动扳手、照明器具、通风机、防护用品、专用工具、容器、清洗剂（汽油、煤油、四氯化碳和无水酒精等）、冷冻润滑油等。

二、操作步骤（以屏蔽泵不动作故障为例）

步骤 1　检测电源电压

先穿戴好防护用品，挂好维修牌，打开电控箱，测量电源电压是不是 220 V 或 380 V。如果电源没有问题，就对串联在电动机电源上的控制器件进行检测。将所有控制器都打开，用万用表电阻挡测量控制器两端电阻是否为零。若检测到有控制器的阻值为零则用相同器件进行更换。

步骤 2　检测电动机以及机械故障

如果电源没有问题，就需要对电动机故障进行查找。先拆掉电动机电缆线，用万用表的电阻挡测量电动机各绕组的电阻值是否正常，是否有短路或断路。如果电动机没有问题则接好电缆线并通电，用手摸电动机外壳感受电动机是否发热，并感受电动机是否有抖动。

三、注意事项

1. 技术要求

（1）更换控制器后需要对控制器进行设置还原，并检查控制器接线等。

（2）在检测电源时要戴好绝缘手套，并注意万用表挡位与量程。

（3）在换泵时注意做好防护措施，防止氨液泄漏刺激皮肤。

2. 安全防护

（1）汽油、煤油等储存、使用时应注意，禁止与明火和高温物体接近，且需配备足够的消防器材，以免发生火灾。

（2）现场保持整洁，物品摆放有条理。注意个人安全防护，避免各种伤害。

学习单元 2　制冷系统脏堵和冰堵故障排除

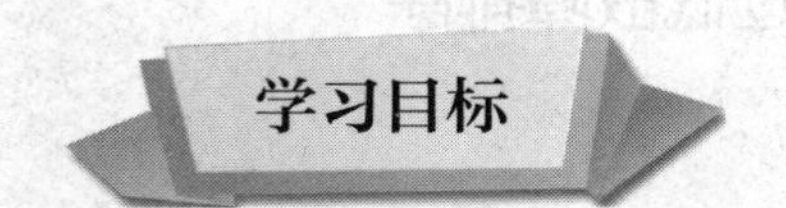

熟悉制冷系统脏堵和冰堵故障的主要原因

了解制冷系统脏堵和冰堵故障的危害

掌握制冷系统脏堵和冰堵故障的排除方法

一、制冷系统干燥及过滤装置

1. 过滤器

过滤器的结构如图 2–4 所示，它用来过滤制冷剂中的杂质，如细小的金属屑，焊接后滞留在系统中随制冷剂一起在系统中循环的氧化皮、焊渣等。

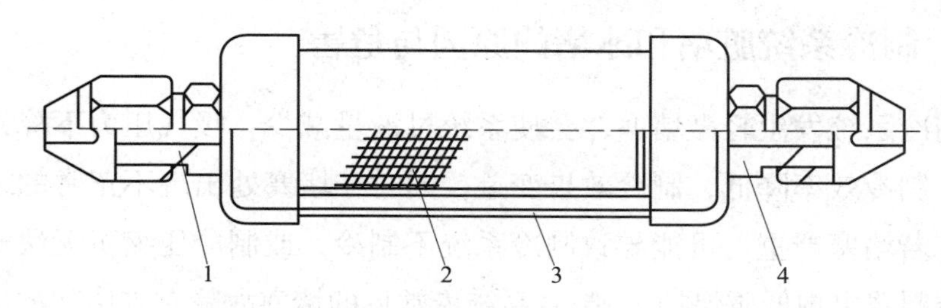

图 2-4 过滤器的结构

1—进液管接头 2—滤网 3—壳体 4—出液管接头

过滤器通常安装在制冷压缩机的吸气口（安装在此位置的过滤器通常称为吸气过滤器）、制冷压缩机的油路系统中（安装在此位置的过滤器通常称为油过滤器）等。过滤器要按壳体上所标的箭头方向进行安装，不允许装反。

2. 干燥过滤器

为了方便使用，将干燥器和过滤器制成一体，称为干燥过滤器。干燥过滤器用于吸收制冷系统中的水分，并过滤制冷剂中的杂质。干燥过滤器安装时也要按壳体上所标的箭头方向进行安装，不允许装反。

按与系统管路的连接形式不同，干燥过滤器也可分为纳子式和焊接式，如图 2-5 所示。

按干燥剂能否更换，干燥过滤器可分为整体式和法兰式。整体式干燥过滤器的过滤网堵塞或干燥剂失效后，只能更换新的干燥过滤器；而对于法兰式干燥过滤器，若过滤网堵塞或干燥剂失效，打开法兰清洗滤网后更换干燥剂即可。如图 2-5 所示为整体式干燥过滤器，图 2-6 所示为法兰式干燥过滤器。

图 2-5 干燥过滤器的两种形式

a）纳子式 b）焊接式

图 2-6 法兰式干燥过滤器

二、制冷系统脏堵和冰堵的原因与危害

若制冷系统发生轻微堵塞，会使系统过液量减少，吸气压力下降，吸气温度升高，制冷效率降低，制冷效果变差，同时在堵塞处出现不正常的结霜或结露现象。若堵塞严重，可能导致制冷系统不制冷，或制冷压缩机无法开机（如高低压控制器出现低压保护）。制冷系统最常见的堵塞故障有脏堵和冰堵。

1. 脏堵

脏堵是指制冷系统中脏物在某个部位聚集到一定程度后，会使制冷剂流量明显减小，从而影响制冷系统的正常运行。脏堵经常发生在如下部位。

（1）膨胀阀进口滤网处

大多数膨胀阀的进口处都有滤网，若系统较脏，有较多的杂物在膨胀阀的滤网处聚集，就会造成脏堵。这时制冷剂过液量减小，制冷量下降，制冷效果恶化。

膨胀阀滤网发生脏堵，其阀体会全部结霜或几乎全部结霜，如图 2–7a 所示。而正常情况下膨胀阀的结霜如图 2–7b 所示，膨胀阀进口处附近的阀体不结霜，出口处附近的阀体结霜，并且结霜与不结霜部位所形成的分界线基本上成 45° 角。

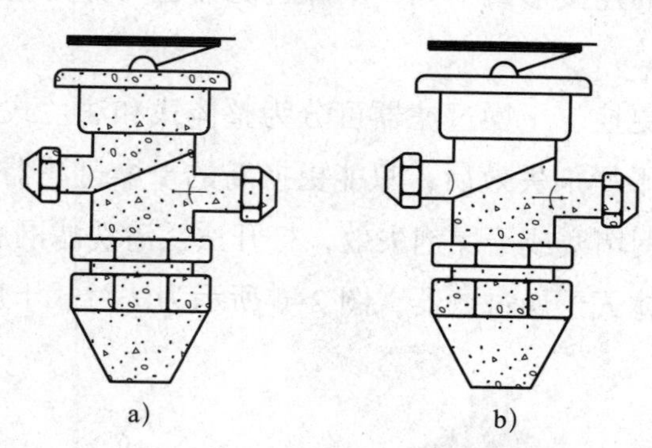

图 2–7　膨胀阀堵塞结霜

a）阀体全部结霜　b）正常结霜

（2）干燥过滤器滤网处

为了最大限度地防止制冷系统的节流机构发生脏堵（如膨胀阀滤网脏堵），通常都会在供液管路上安装干燥过滤器，以过滤制冷剂中的杂质，保证供给节流装置的制冷剂是相对干净的制冷剂。但供液管路上的干燥过滤器不能除去从干燥过滤器到膨胀阀之间管路中可能有的杂质。

若干燥过滤器的滤网脏堵，其外壳发凉（低于环境温度），甚至会出现结露或结霜，这种现象的实质是由于过滤器堵塞后只有极少量的制冷剂流过，低压

压力降低，使干燥过滤器前后产生很大的压差，如同制冷剂流经膨胀阀一样，部分制冷剂液体变成闪发蒸气并从自身及周围吸收热量，使干燥过滤器变凉、结露或结霜。从变凉、结露到结霜，对应的干燥过滤器的脏堵程度依次严重。

（3）吸气过滤器和油过滤器滤网处

为了防止杂物随制冷剂气体一起返回制冷压缩机，有的制冷系统在压缩机的吸气管道上会安装吸气过滤器，并尽量靠近压缩机的吸气口安装。另外，为防止杂物随制冷剂润滑油一起返回制冷压缩机，压缩机的油路系统中通常都安装有油过滤器。

吸气过滤器和油过滤器发生脏堵，不会出现壳体表面变凉、结露或结霜现象，判断其是否脏堵只能靠测量过滤器前后的压降。一般情况下，吸气过滤器若出现 20 kPa 的压降就应对其进行清洗；而油过滤器的压降大于 100 kPa 时，则应对其进行清洗。

2. 冰堵

若制冷系统中有少量水分，当制冷剂流经节流装置时，由于温度下降，水分会结成冰析出，堵塞在毛细管内或膨胀阀的阀孔处，使过液量下降，制冷效果变差，这种现象叫作冰堵，也称冰塞。

若制冷系统发生冰堵故障，由于节流装置处的制冷剂过液量减小，系统蒸发压力低于正常压力，制冷效果会变差，甚至不制冷，从而库温升高。若用蘸过温水的湿布敷在节流装置上，制冷效果恢复，则表明制冷系统发生冰堵。

出现冰堵的原因通常有抽真空不彻底，系统出现泄漏并且有水分进入制冷系统，充注的制冷剂中水分含量超标，干燥过滤器中的干燥剂失效等。

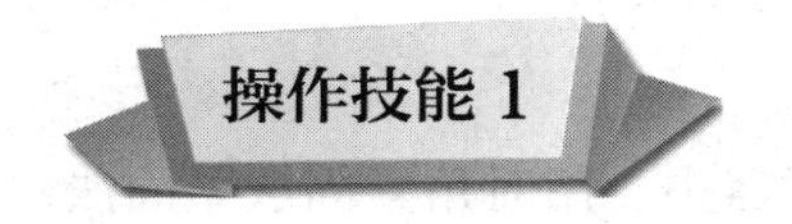

制冷系统脏堵故障排除

制冷系统脏堵常发生在膨胀阀进口滤网处、干燥过滤器滤网处或吸气过滤器和油过滤器滤网处，除其判断方法略有不同外，处理步骤基本相同，下面以最常见的干燥过滤器（法兰式）滤网处脏堵故障为例进行说明。

一、操作准备

1. 工器具准备

固定扳手（其规格根据法兰连接螺栓的规格确定）、活动扳手、容器、真空泵、真空表、充注管。

2. 用品准备

汽油、干净抹布、滤网（若需要）、法兰密封垫（若需要）、肥皂水、海绵。

二、操作步骤

步骤 1　检查判断

检查干燥过滤器，若其外壳发凉（低于环境温度），甚至出现结露或结霜，说明干燥过滤器的滤网出现了脏堵故障。

步骤 2　回收制冷剂

关闭脏堵干燥过滤器上游离其最近的截止阀（某些截止阀需用活动扳手进行操作），利用制冷压缩机的抽空能力回收干燥过滤器、蒸发器中的制冷剂至水冷冷凝器（若冷凝器为水冷型）或储液器中。

步骤 3　隔离

当低压接近零表压时，关闭制冷压缩机的吸气截止阀，对脏堵干燥过滤器进行隔离。

步骤 4　清洗

（1）用固定扳手拆下干燥过滤器法兰连接螺栓（采用对角松动法），取出滤网并用汽油清洗，清洗好的滤网放在干净的抹布上晾干。清洗滤网时应检查其是否完好，若已破损则应更换相同规格的滤网。

（2）取出滤网后，清洗之前应用对角的两个螺栓将法兰固定在干燥过滤器的法兰端盖上，以防止干燥剂过量吸收空气中的水分而失效。

步骤 5　安装

（1）拆下法兰连接螺栓，将滤网放回干燥过滤器中，用对角紧固法紧固法兰连接螺栓。

（2）法兰和法兰端盖连接之前，应检查法兰密封垫是否破损，若有破损则应更换新密封垫。

步骤 6　检漏

向干燥过滤器中充干燥氮气至 1.8 MPa，用蘸过肥皂水的海绵对法兰连接处检漏，以确保没有泄漏点。

步骤 7 抽真空

从制冷压缩机的吸气截止阀处，用真空泵对维修的低压制冷管路抽真空，抽至绝对压力不高于 133 Pa。

步骤 8 解除隔离

打开隔离时关闭的干燥过滤器上游截止阀和制冷压缩机的吸气截止阀，解除对维修部位的隔离。

步骤 9 观察运行效果

清洗后的干燥过滤器，其壳体上“发凉、结露或结霜”现象应消失，用手触摸进、出干燥过滤器的管路应无明显温差，制冷效果恢复。

步骤 10 记录

记录操作日期，操作人员，被清洗干燥过滤器的位置、标号，清洗前故障现象，清洗后的运行效果等，最后由操作人员签名。

制冷系统冰堵故障排除

以发生冰堵的制冷系统中的法兰式干燥过滤器为例进行说明。

一、操作准备

1. 工器具准备

固定扳手（其规格根据法兰连接螺栓的规格确定）、活动扳手、真空泵、真空表、电吹风、充注管。

2. 用品准备

干燥剂，肥皂水，海绵。

二、操作步骤

步骤 1 检查判断

制冷系统制冷效果不好，系统蒸发压力低于正常压力时，用蘸过温水的湿布敷在节流装置上，若蒸发压力恢复到正常压力、制冷效果恢复，则可断定发生冰堵故障。

步骤2　回收制冷剂

关闭干燥过滤器上游离其最近的截止阀（某些截止阀需用活动扳手进行操作），利用制冷压缩机的抽空能力回收干燥过滤器、蒸发器中的制冷剂至水冷冷凝器（若冷凝器为水冷型）或储液器中。

步骤3　隔离

当低压接近零表压时，关闭制冷压缩机的吸气截止阀，对干燥过滤器、节流装置这部分制冷管路进行隔离。

步骤4　更换

用固定扳手拆下干燥过滤器法兰连接螺栓（采用对角松动法），取出干燥剂，更换新干燥剂。

步骤5　安装

检查法兰密封垫是否破损，若有破损则应更换新密封垫。之后用对角紧固法紧固法兰连接螺栓。

步骤6　检漏

向干燥过滤器中充干燥氮气至 1.8 MPa，用蘸过肥皂水的海绵对法兰连接处检漏，以确保没有泄漏点。

步骤7　抽真空

用真空泵对被隔离的制冷系统管路进行抽真空，同时用电吹风加热节流装置，节流装置被加热的温度不能高于 60 ℃，抽真空至绝对压力不高于 133 Pa。

步骤8　解除隔离

打开隔离时关闭的干燥过滤器上游截止阀和制冷压缩机的吸气截止阀，解除对维修部位的隔离。

步骤9　观察运行效果

进行如上操作后若蒸发压力恢复到正常压力、制冷效果恢复，则系统冰堵故障被排除。

步骤10　记录

记录操作日期，操作人员，冰堵故障的位置、标号，更换干燥剂的干燥过滤器的位置、标号，清洗前故障现象，清洗后的运行效果等，最后由操作人员签名。

培训课程 3　处理电气系统故障

学习单元 1　电源、电压、电流、接线等的故障排除

掌握配电系统的基本知识

掌握电路检查的基本要求

能够查出电源、电压、电流、接线等故障的原因

掌握电气故障的排除方法

一、配电系统

配电系统是由多种配电设备（或元件）和配电设施所组成的变换电压和直接向终端设备（或元件）分配电能的一个电力网络系统。

在我国，配电系统可划分为高压配电系统、中压配电系统和低压配电系统三部分。由于配电系统作为电力系统的最后一个环节直接面向终端，它的完善与否直接关系着广大用户的用电可靠性和用电质量，因而在电力系统中具有重要地位。

我国配电系统的电压等级，根据《城市电网规划设计导则》的规定，220 kV 及其以上电压为输变电系统，35 kV、63 kV、110 kV 为高压配电系统，10 kV、6 kV 为中压配电系统，380 V、220 V 为低压配电系统。

二、电路检查

1. 安全要求

进行电路检查时，检查人员、所用工具等要符合以下安全要求。

（1）检查人员必须穿着符合安全要求的服装，戴绝缘手套、穿绝缘鞋等。

（2）在对电路是否有人员工作等状态不了解时，严禁合上开关。

（3）应使用符合操作技术与安全要求的工具和测量仪器。

（4）连接电路时应切断电源，不允许带电连接电路。切断电源开关后，必须用验电器进行检验，确认无电后方可连接电路。

（5）电路检查切断电源后，必须在切断电源处悬挂“正在工作，请勿合闸”等警示牌，并安排专人看守。

（6）导线与导线、导线与接线柱或接线端子的连接必须符合安全要求。接线柱和接线端子处的连接导线裸露的导体不得超过 25 mm。导线与导线的连接处应包裹绝缘。导线与电气元件等连接时，在连接处绝缘导线与金属底板的距离应不小于 5 mm。

（7）工具和检测仪器、仪表等应放置在规定的位置，不得摆放在设备和连接的线路上。

（8）进行设备调试时，应先确认设备无电，且在转动的部件上没有其他物件、设备上无人工作时，方可合闸通电。不得用手触摸运动和旋转的机械部件，身体的任何部位不得触及带电的物体。必须在机器停止运转的情况下调整机械零件或部件的位置。

（9）带电检查电路时必须有人监护，必须使用绝缘性能符合要求的旋具。

（10）带电调试和检查电路时，必须有防止触及带电体和电路中裸露带电部件的措施，必须有防止短路的措施。

（11）通电检查发现电路连接错误需改接电路时，必须切断电源，先对电容元器件放电，再用验电器检验确认无电后，方可进行电路的拆除与连接。

（12）有可能造成意外带电的机器部件、电器元件的金属外壳等都必须接地。

2. 检查原则

（1）进行检查前，检测人员必须了解和熟悉所见电路中的各个电器元件的电气参数，并熟悉电气接线图。

（2）尽量不带电检查电路。

（3）在带电检查电路时，要严格遵守电路检查安全要求，如戴绝缘手套、穿绝缘鞋、使用符合安全要求的工具和测量仪器等。

（4）按电器接线图对电路进行检查，检查电线有无虚接、接错线、断路、短路等。

三、电源、电压、电流、接线等的故障原因及排除方法

1. 电源故障

（1）输出电压偏低

1）故障原因。电源输出电压过低，使后级电路无法工作。故障原因如下。

①输出级并联多个负载，在正常工作后，有负载需要较大的瞬态电流，造成电压被瞬间拉低，从而影响其他并联的负载。

②输出线路过长或过细，造成线损过大，从而在线路间产生了不小的压降，最终导致电源模块的输出电压到真正的负载两端时电压偏低。

③防反接二极管的压降过大。一般二极管的正向压降在 0.2 ~ 0.6 V 之间，如果电源模块输出的是 5 V 电压，那么高导通压降的二极管所产生的电压降就会使后级电路的电压偏低，从而不能正常工作。

④模块外围电路中的输入滤波电感过大，导致内阻变大，电流扼制作用增强，当后级负载突然变重时电流供应不上而导致负载两端的电压偏低。

2）解决方法

①在输出端并联一个大电容或换用更大功率的输入电源。

②调整布线，增大导线截面积或缩短导线长度，减小内阻。如果其电源模块有 Trim 功能调节，可以调高输出电压来抵消线损产生的压降。

③换用导通压降小的二极管。

④减小滤波电感值并降低电感的内阻。

（2）输入电压偏高

1）故障原因。由于某些电源模块内部电子元器件的电压余量设计不够，在输入电压过高时造成模块损坏甚至烧毁，这时就需要在外围做一些保护。易造成输入电压偏高的原因如下。

①在电源模块输入端进行热插拔上电，此时其电压尖峰及浪涌电流都较高，抗压差的模块会被瞬间击穿损坏。

②输出端负载过轻，低于 10% 的额定负载，对一些非线性稳压的电源产品来说，模块不一定会损坏，但会影响后级的一些性能，如效率偏低、模块偏热等。

③前级供电电源的电压冲击导致输入电压偏高或产生干扰电压，电磁兼容也较容易造成输入电压高。

2）解决方法

①确保输出端不小于 10% 的额定负载。若实际电路工作中常有空载现象，就在输出端并接一个 10% 额定功率的假负载。

②更换一个合理且在稳定范围的输入电压源，存在干扰电压时要考虑在输入端并上 TVS 管或稳压管，也可加 EMC 的外围电路。

（3）电源模块发热严重

1）故障原因。电源模块在电压转换过程中有能量损耗，产生热能导致模块发热，降低电源的转换效率，影响电源模块正常工作。以下情况下会造成电源模块发热较严重。

①使用的是线性电源模块。由于线性电源内部的电路结构使得其功率导通压降大，在相同的输出功率下，线性电源模块内部产生的损耗更大。

②负载过流，超出数据手册应用范围，使得内部关键器件温度飙升。

③环境温度过高或散热不良。

④其他大发热源热传递。

2）解决方法

①使用线性电源时要加散热片，或选择效率高的开关电源。

②换输出功率更大的模块，确保有 70% ~ 80% 的负载降额。

③降低环境温度，保持散热良好。

（4）输出噪声较大

1）故障原因。噪声是衡量电源模块优劣的一大关键指标。在应用电路中，模块周边元器件的设计布局等也会影响输出噪声。以下因素对输出噪声有较大影响。

①电源模块与主电路噪声敏感元件距离过近。

②主电路噪声敏感元件的电源输入端处未接去耦电容。

③多路系统中各单路输出的电源模块之间产生差频干扰。

④地线处理不合理。

⑤电源模块输入端的噪声过大、未处理，直接耦合到电源模块输出端。

2）解决方法

①将电源模块尽可能远离主电路噪声敏感元件或模块，与主电路噪声敏感元件进行隔离。

②主电路噪声敏感元件（如 A/D、D/A 或 MCU 等）的电源输入端处接 0.1 μF 去耦电容。

③使用一个多路输出的电源模块代替多个单路输出模块消除差频干扰。

④采用远端一点接地，减小地线环路面积。

（5）电源模块启动困难

1）故障原因。在电源的应用电路中，经常会出现电源模块输出端电压正常，电源模块也无损坏，但输出端却无任何输出的情况，原因如下。

①外接电容过大（即容性负载过大），需要充电的时间变长，有些电源模块在规定时间内不能建立好输出电压，就会进入过流保护，从而模块无输出。

②电子负载在 CC 模式下也会造成部分启动能力弱的电源模块启机不良。由于在 CC 模式下启机的时候其模拟的负载趋近于零，且反应调节时间相对较长，绝大多数电源模块应用的环境属于纯电阻模式。

③负载需要的电流过大，而电源模块单位输出的最大平均电流不够导致模块无法启动。

④输入线路过长，使得线路之间产生的压降过大，而导致输入电压低于模块输入电压的下限要求。

2）解决方法

①外接电容过大，在电源模块启动时向其充电时间较长，难以启动，需要选择合适的容性负载。

②模块测试尽量选择更接近纯阻模式的负载。

③选择功率合适的电源模块。

④先测试电源模块输入端引脚电压是否低于数据手册要求的最低电压，再根据实际情况提高电源输入端的电压。

（6）耐压不良

1）故障原因。一般隔离电源模块的耐压值可高达几千伏，但在应用电路中，以下因素会导致耐压能力降低。

①选用的模块隔离电压值不够，往往是应用工程师评估的耐压值比在实际

应用环境下的耐压值低造成的。

②维修中多次使用回流焊、热风枪。

③外围电路布线与器件放置时未按安全规范中的爬电距离来要求，也会造成耐压不良。

2）解决办法

①根据现场环境的实际评估值来选取耐压值合适的电源模块，最好能预留 500 V 以上的余量。

②焊接电源模块时要选取合适的温度，避免反复焊接损坏电源模块。

③严格按照安全规范要求布置输入与输出之间的线路器件。

2. 电压故障

（1）过电压故障

过电压是指工频下交流电压均方根值升高，超过额定值的 10%，并且持续时间大于 1 min 的长时间电压变动现象。电气设备发生过电压的原因主要有以下几点。

1）雷电过电压。是由大气中的雷云对地面（包括线路、设备）放电引起的。直击雷过电压是雷闪直接击中电气设备导电部分引起的过电压。直击雷过电压幅值可达上百万伏。感应雷过电压是雷闪击中电气设备附近的地面，在放电过程中由于空间电磁场的急剧变化而使未直接遭受雷击的电气设备上感应出的过电压。

2）操作过电压。电力系统中的电容、电感元件均为储能元件。当系统操作或故障使其工作状态发生变化时，将产生电磁能量振荡的过渡过程。在此过程中，电感元件储存的磁能会在某一瞬间转换为电场能储存于电容元件中，产生数倍于电源电压的过渡过程电压。

3）暂时过电压。断路器操作或发生短路故障，使电力系统经历暂态过程以后达到某种暂时稳定的情况下所出现的过电压。

（2）欠电压故障

欠电压是指工频下交流电压均方根值降低，小于额定值的 10%，并且持续时间大于 1 min 的长时间电压变动现象。电气设备发生欠电压的原因主要有以下几点。

1）供电线路本身的电压不稳定。

2）电路负载工作电流大（如大型设备启动）。

3）供电线路存在短路。

4）变压器容量不足或者出现故障。

3. 电流故障

（1）过载电流

电气回路因所接用电设备过多或所供设备过载（如所接电动机的机械负载过大）等原因而过载。其电流值是回路载流量的多倍，其后果是工作温度超过允许值，使绝缘加速劣化，寿命缩短，但它并不直接引发灾害。

（2）短路电流

当回路绝缘因种种原因（包括过载）损坏，电位不相等的导体经阻抗可忽略不计的故障点而导通，这种情况称作短路。由于这种短路回路的通路全为金属通路，因此这种短路被归为金属性短路，其短路电流值可达回路导体载流量的几百以至几千倍，可产生异常高温或巨大的机械应力从而引起种种灾害。

（3）电流速断

用电设备过电流是一种故障形式。当过负荷不严重时，可以不立即切除，另外可以延长一点延时。如果过负荷再严重一点，延时就短一点，这相当于限时电流速断保护。如果过负荷特别严重，即发生短路了，必须立即切除故障，这就是瞬时电流速断保护。

4. 接线故障

（1）接触不良

接线端子内部的金属导体是端子的核心零件，它将来自外部导线或电缆的电信号传递到与其相配的连接器对应的接触件上，故接触件必须具备优良的结构、稳定可靠的接触保持力和良好的导电性能。接触件结构设计不合理、材料选用错误、模具不稳定、加工尺寸超差、表面粗糙、热处理电镀等表面处理工艺不合理、组装不当、储存使用环境恶劣和操作使用不当等，都会在接触件的接触部位和配合部位造成接触不良。

（2）绝缘不良

绝缘体的作用是使接触件保持正确的排列位置，并使接触件与接触件之间、接触件与壳体之间相互绝缘，故绝缘件必须具备优良的电气性能、机械性能和工艺成型性能。特别是随着高密度、小型化接线端子的广泛使用，绝缘体的有效壁厚越来越薄，这对绝缘材料、注塑模具精度和成型工艺等提出了更严格的要求。由于绝缘体表面或内部存在金属多余物，表面尘埃、焊剂等污染，受潮，有机材料析出物及有害气体吸附膜与表面水膜融合形成离子性导电通道，以及绝缘材料老化等原因，都会造成短路、漏电、击穿、绝缘电阻低等现象。

（3）固定不良

绝缘体不仅起绝缘作用，通常也为伸出的接触件提供精确的对中和保护，同时还具有安装定位、锁紧固定的功能。固定不良，轻者影响接触可靠性，造成瞬间断电，严重时会使产品解体。解体是指接线端子在插合状态下，由于材料、设计、工艺等原因导致结构不可靠而造成的插头与插座之间、插针与插孔之间的不正常分离，将造成控制系统电能传输和信号控制中断的严重后果。设计不合理，选材错误，成型工艺选择不当，热处理、模具、装配、熔接等工艺质量差，装配不到位等都会造成固定不良。

此外，由于镀层起皮、腐蚀、碰伤，塑壳飞边、破裂，接触件加工粗糙、变形等原因造成的外观不良，由于定位锁紧配合尺寸超差、加工质量一致性差、总分离力过大等原因造成的互换不良等，也是常见和多发故障。这几种故障一般都能在检验及使用过程中及时发现。

四、电气故障排除方法

1. 电阻测试法

电阻测试法通常是指用万用表的电阻挡测量电动机、线路、触头等的电阻是否符合使用标称值以及是否通断，或用兆欧表测量相与相、相与地之间的绝缘电阻等。测量时注意选择量程和校对表的准确性。一般使用电阻法测量时的通用做法是先选用低挡，同时要注意被测线路是否有回路，并严禁带电测量。

2. 电压测试法

电压测试法是指利用万用表相应的电压挡，测量电路中的电压值。通常测量时，有时测量电源、负载的电压，有时测量开路电压，以判断线路是否正常。

测量时应注意表的挡位，选择合适的量程。一般测量未知交流或开路电压时，通常选用电压的最高挡，以确保不在高电压低量程下进行操作，以免把表损坏；测量直流电压时要注意正负极性。

3. 电流测试法

电流测试法是指测量线路中的电流是否符合正常值，以判断故障原因。对弱电回路，常采用将电流表或万用表串接在电路中进行测量；对强电回路，常采用钳形电流表检测。

4. 仪器测试法

仪器测试法是指借助各种仪器仪表测量各种参数，如用示波器观察波形及参数的变化，以便分析故障原因，多用于弱电线路中。

5. 常规检查法

常规检查法是指依靠人的感觉器官（如有的电气设备在使用中有烧焦的烟味，并有打火、放电现象等）并借助一些简单的仪器（如万用表）来寻找故障原因。这种方法在维修中最常用，也是首先采用的。

6. 更换原配件法

更换原配件法即在怀疑某个器件或电路板有故障，但不能确定，且有代用件时，可替换试验，看故障是否消失。

7. 直接检查法

了解故障原因或根据经验判断出现故障的位置，可以直接检查所怀疑的故障点。

8. 逐步排除法

如有短路故障出现，可逐步切除部分线路以确定故障范围和故障点。

9. 调整参数法

有些情况下出现故障时，线路中元器件不一定损坏，线路接触也良好，只是由于某些物理量调整得不合适或运行时间长，有可能因外界因素致使系统参数发生改变或不能自动修正系统值，从而造成系统不能正常工作，这时应根据设备的具体情况进行调整。

10. 原理分析法

根据控制系统的组成原理图，通过追踪与故障相关联的信号进行分析判断，找出故障点，并查出故障原因。使用本方法要求维修人员对整个系统和单元电路的工作原理有清楚的理解。

11. 比较、分析、判断法

该方法是指根据系统的工作原理、控制环节的动作程序以及它们之间的逻辑关系，结合故障现象进行比较、分析和判断，减少测量与检查环节，并迅速判断故障范围。

学习单元 2　短路、断路等故障排除

掌握短路、断路等故障的主要原因

能排除短路、断路等故障

一、短路的主要原因

短路是指不同电位的导电部分之间的低阻性短接，其实质相当于电源未经过负载而直接由导线接通成闭合回路。

短路电流是指不接用电器时的电流，相当于直接用导线把电池的正、负极相连接时的电流。电路发生短路故障的瞬间，电路中电流忽然增大，其瞬间放热量很大，大大超过线路正常工作时的发热量，不仅能使绝缘烧毁，而且能使金属融化，引起可燃物燃烧发生火灾。因此，短路是一种严重的电路故障。相线之间相碰叫作相间短路，相线与地线、与接地导体或与大地直接相碰叫作对地短路。

造成短路故障的主要因素如下。

1. 线路老化、绝缘被破坏而造成相间短路，或相线与零线直接接通而短路。

2. 电源过电压造成绝缘击穿致使相间短路，或相线与零线直接接通而短路。

3. 线路绝缘层被金属等物品损坏而造成相间短路，或相线与零线直接接通而短路。

短路部位通常外观表面烧焦，并有橡胶烧焦的气味，这是判断短路故障部位的主要方法。

出现短路故障后，电路中的保护器件会提供保护，如熔断器熔断、熔丝熔断、空气开关跳开、热断电器动作等。因此，在排除电路短路故障后，要更换熔断器、熔丝，合上空气开关，复位热继电器等。

二、断路的主要原因

若电路在某处断开，如电路中的导线没有接通电路、熔断器烧毁等，处在这种状态的电路叫作断路。电路的开关若没有闭合，此时电路也是处于断路状态。当电路呈断路状态时，整个电路既无电压，也无电流。

断路故障的常见原因有电路中的导线没有接通，电路有短路、过载等故障而造成熔断器熔断、熔丝熔断、空气开关跳开、热继电器动作等。其中，熔断器熔断、熔丝熔断、空气开关跳开、热继电器动作等，往往是电路中有短路或过电流故障。因此，排除断路故障后，要检查判断电路有无短路、过载，若有则应排除这些故障，然后接通电源使制冷设备运行。

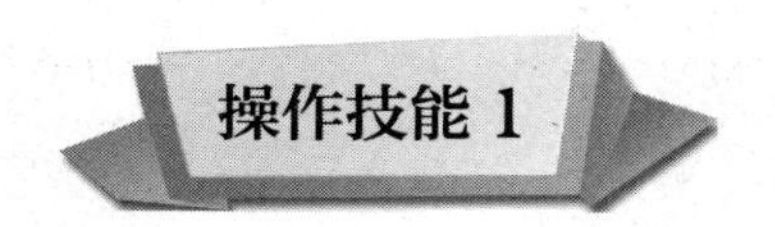

排除短路故障

一、操作准备

1. 工器具准备

尖嘴钳、十字旋具、一字旋具、验电器、剥线钳、压线钳、万用表。

2. 材料准备

熔断器、熔丝、绝缘胶布、压接头、接线端子。

二、操作步骤

步骤 1　确认故障部位

观察电路，并闻气味。若电路某处有烧焦现象，并有橡胶烧焦的气味，则可确认此处为故障部位。

步骤 2　修复检查

（1）检查导线，若故障部位附近的未烧焦导线的绝缘层有龟裂、变硬变脆，说明线路老化严重，此时应更换老化的导线。

（2）检查故障部位的线路，若是绝缘层被金属等物品损坏而造成短路，则用验电器检验确认被修复的故障部位无电后，用绝缘胶布将破损的绝缘层包好，同时应消除金属等物品再次损坏绝缘的可能。

（3）用万用表检查电源电压，若供电电压过高造成导线击穿而发生短路故障，则做好记录并立即报告电工，配合电工排除电压过高故障，同时修复导线被击穿部位。

步骤 3　接通电源

更换熔断器、熔丝，或合上空气开关、复位热继电器后，接通电源使制冷设备运行。

步骤 4　记录

记录操作日期、操作人员、故障部位以及故障情况描述、故障处理方法、处理故障后的运行情况，最后由操作人员签名。

排除断路故障

一、操作准备

1. 工器具准备

尖嘴钳、十字旋具、一字旋具、验电器、剥线钳。

2. 材料准备

熔断器、熔丝、绝缘胶布、压接头、接线端子。

二、操作步骤

步骤 1　确认故障部位

检查熔断器、熔丝、空气开关、热继电器，并检查电路中的导线接头、接线端子等。

（1）若熔断器熔断，则熔断器处为故障部位。

（2）若熔丝熔断，则熔丝处为故障部位。

（3）若空气开关跳开，则空气开关处为故障部位。

（4）若热继电器动作，则热继电器处为故障部位。

（5）若电器中有橡胶烧焦的气味，应重点检查此部位，确认是否有导线虚接、接线端子处虚接等，若有则可确认此处为故障部位。

步骤 2　切断电源

断开电路电源，并用验电器检验确认被修复的故障部位无电后，方可进行下面的步骤。

步骤 3　修复检查

（1）若熔断器熔断，则更换相同型号的熔断器。

（2）若熔丝熔断，则更换相同型号的熔丝。

（3）若空气开关跳开，则重新合上空气开关即可。在合上空气开关之前，要检查判断电路有无短路、过载等，若有则应排除这些故障，然后再接通空气开关。

（4）若热继电器动作，则将热继电器复位即可。在复位热继电器之前，要检查判断有无过载等故障，若有则应排除故障后再将热继电器复位。

（5）若导线虚接，用尖嘴钳剪去烧焦部分的导线，用剥线钳去掉导线接头处的绝缘层，然后按手工手册推荐的接线方法把导线接好，用绝缘电工胶布将接头缠好。

对于接线端子处虚接故障，若压接头及接线端子轻微损坏，可用 300# 砂纸打磨压接头及接线端子至露出金属光泽，然后将压接头与接线端子旋紧即可。若压接头严重损坏，则用尖嘴钳剪去压接头，用剥线钳剥线后重新压接压接头，之后压紧于接线端子；若接线端子严重损坏，则应及时更换接线端子。

步骤 4　接通电源

接通电源，使制冷设备运行。

步骤 5　记录

记录操作日期、操作人员、故障部位及故障情况描述、故障处理方法、处理故障后的运行情况等，最后由操作人员签名。

三、注意事项

电路出现断路故障，如熔断器熔断、熔丝熔断、空气开关跳开、热继电器动作等，往往是短路或过载故障。因此，在排除断路故障后，要检查判断电路有无短路、过载等，若有则应排除这些故障，然后再接通电源使制冷设备运行。

学习单元 3　交流接触器故障排除

学习目标

熟悉交流接触器的结构、规格和安装方式
掌握交流接触器故障的原因及排除方法
能够更换交流接触器

一、交流接触器的结构和工作原理

1. 结构

交流接触器的结构如图 2–8 所示，主要包括灭弧罩、动触头、静触头、铁芯、反作用弹簧、线圈、缓冲弹簧等。

交流接触器主要由电磁系统、触点系统、灭弧装置及其他部分组成。

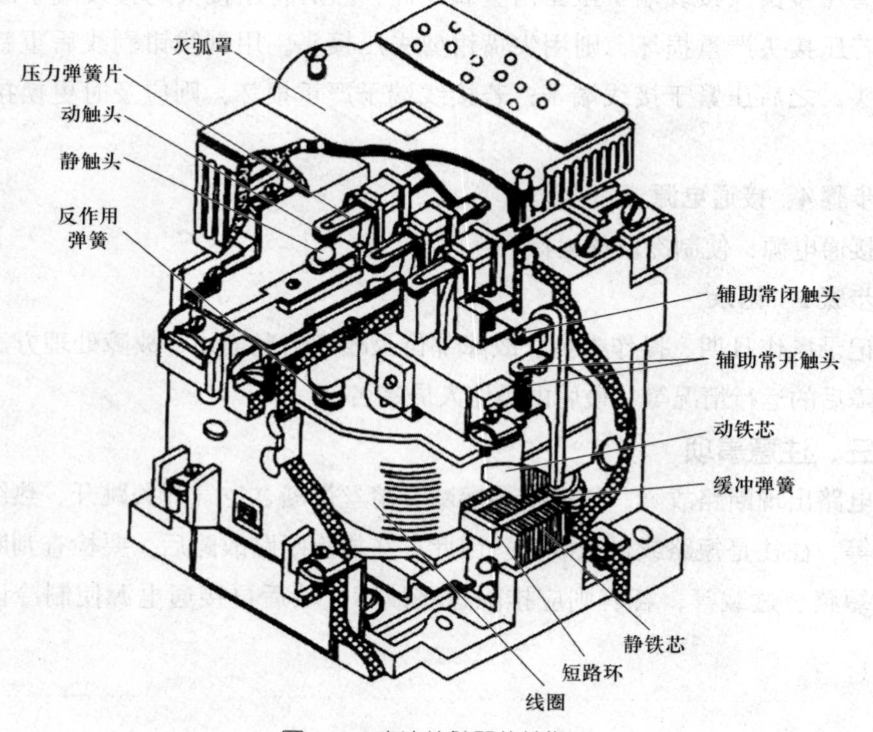

图 2–8　交流接触器的结构

（1）电磁系统

电磁系统包括静铁芯、动铁芯、线圈，是接触器的重要组成部分，依靠它带动触点的闭合与断开。

（2）触点系统（触头系统）

触点是接触器的执行部分，包括主触点（动触点和静触点）和辅助触点。一般的三相交流接触器有三对主触点、两组辅助（常开）触点、两组辅助（常闭）触点。主触点的作用是接通和断开主回路，控制较大的电流；而辅助触点是在控制回路中用以满足各种控制方式的要求。

（3）灭弧装置

灭弧装置用来保证主触点断开电路时产生的电弧可靠地熄灭，减少电弧对触点的损伤。为了迅速熄灭断开时电路的电弧，通常接触器都装有灭弧装置，一般采用半封闭式灭弧罩并配有强磁吹灭弧回路。

（4）其他部分

其他部分包括外壳、缓冲弹簧及主触点接线端子、线圈接线端子等。外壳有良好的绝缘性能。

2. 规格

交流接触器的规格主要包括以下几个方面的内容。

（1）额定电压

交流接触器的额定电压即交流接触器主触点使用场合的电源电压，按交流接触器所控制设备的额定电压选择。制冷领域采用交流接触进行控制的设备，其额定电压通常为 380 V，220 V 的较为少见。

（2）额定电流

接负载容量选择接触器主触点的额定工作电流。

（3）线圈的电压等级

应根据控制电源的要求选择线圈的电压等级，制冷领域通常使用 380 V 或 220 V 交流电源。

（4）辅助触点的种类和数量

根据实际控制需求，选择接触器所带的辅助动合（常开）触点及辅助动断（常闭）触点的数量。若交流接触器本身所带的辅助触点数量和类型不能满足实际需要，可以另选单独的辅助触点组，安装在交流接触器的插孔上即可。

除此之外，还要考虑接触器的工作制及使用环境，如环境温度、湿度，使用场所的振动、尘埃、化学腐蚀等。

我国生产的交流接触器常用的有 CJ20、CJX1、CJX2 等系列及其派生系列产品，一般具有三对常开主触点，常开、常闭辅助触点各两对。图 2–9 所示为 CJ20 系列交流接触器型号说明，图 2–10 所示为 CJX2 系列交流接触器型号说明。交流接触器规格见表 2–1。

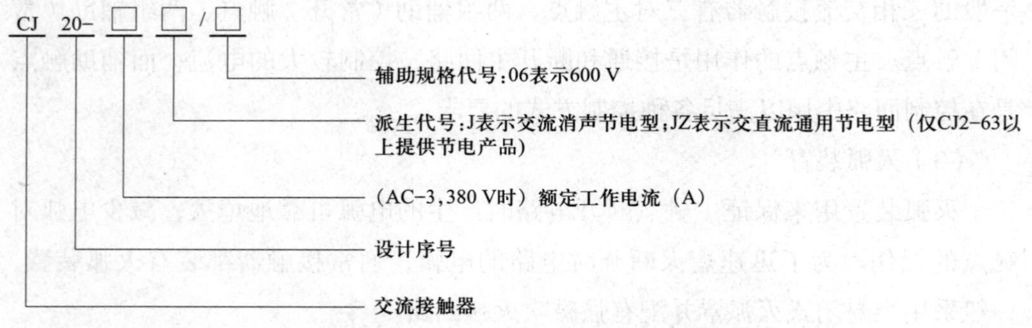

图 2–9　CJ20 系列交流接触器型号说明

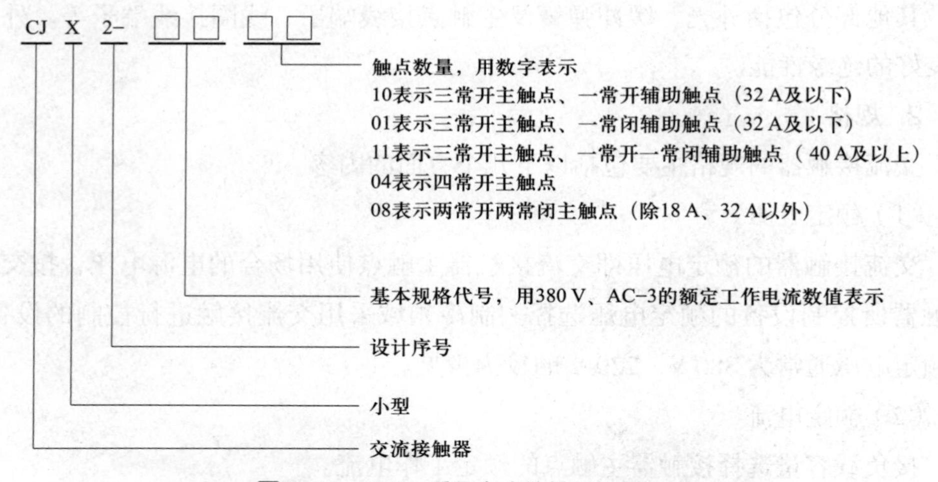

图 2–10　CJX2 系列交流接触器型号说明

表 2–1　交流接触器规格

型号	220 V 时适配电动机（kW）	380 V 时适配电动机（kW）
CJ20–10A	2.2	4
CJ20–16A	4.5	7.5
CJ20–25A	5.5	11
CJ20–40A	11	22
CJ20–63A	18	30

续表

型号	220 V 时适配电动机（kW）	380 V 时适配电动机（kW）
CJ20–100A	28	50
CJ20–160A	48	85
CJ20–250A	80	132
CJ20–400A	115	200
CJ20–630A	175	300
CJX2–9A	2.2	4
CJX2–12A	3	5.5
CJX2–18A	4	7.5
CJX2–25A	5.5	11
CJX2–32A	7.5	15
CJX2–40A	11	18.5
CJX2–50A	15	22
CJX2–65A	18.5	30
CJX2–80A	22	37
CJX2–95A	25	45

3. 安装方式

交流接触器的安装方式有导轨安装和螺钉安装，如图 2–11 所示。对于导轨安装式的交流接触器，用一字旋具撬动固定卡 2，可把交流接触器安装在导轨 3 上或从导轨上取下，而导轨则用螺钉固定于电气安装板上。对于螺钉安装式，根据交流接触器安装孔 4 的大小，选用规格合适的螺钉将其固定在电气安装板上即可。

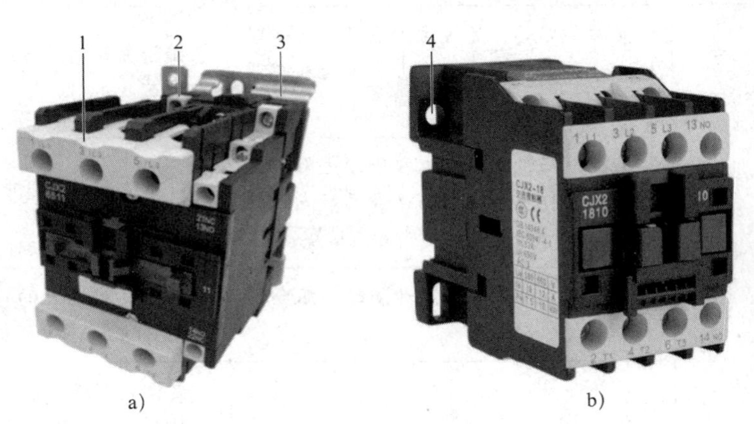

图 2–11　交流接触器的安装方式

a）导轨安装式　b）螺钉安装式

1—交流接触器　2—固定卡　3—导轨　4—安装孔

二、交流接触器的常见故障及原因

交流接触器的常见故障原因及解决方法见表 2–2。

表 2–2　交流接触器的常见故障原因及解决方法

故障类型		原因	解决方法
线圈烧毁		线圈电压规格错误。如控制电路的电压为 220 V，而交流接触线圈的电压规格为 380 V	更换正确规格的线圈
		施加电压错误。如交流接触器线圈的电压规格为 220 V，但控制电路的电压为 380 V	给线圈施加正确规格的电压
		施加电压过高或过低。通常是加在线圈上的电压值偏离线圈额定电压的幅度不超过线圈额定电压的 10%，过高或过低的电压都会造成线圈烧毁	改善电源电压。如对于额定电压为 220 V 的交流接触器线圈，施加于线圈上的电压值应在 198 ~ 242 V
		交流接触器运动部件处有异物，导致交流接触不能正常吸合	清除异物
		线圈层间短路。线圈绝缘层老化，引起短路	更换线圈
		使用环境恶劣，导致线圈绝缘恶化。如电控柜子散热不良，交流接触器温度过高，从而导致线圈烧毁	改进电控柜的散热
触电损坏（多发生于交流接触器的主触点）	触点熔焊	负载侧短路，通过主触点的电流瞬时增大，造成主触点熔焊，表现为断路器脱扣、熔断器熔断	排除负载侧短路故障，并更换主触点
		线圈电压过低，交流接触器主触点处于似接非接状态，从而造成主触点处的接触电阻增大，严重发热直至熔焊	排除线圈电压过低故障，并更换主触点
		长期负载过大，触点开闭时电弧会过大，造成触点熔焊	找出负载过大的原因并排除，更换主触点
		交流接触器达到使用寿命	更换交流接触器。不建议只更换触点，因为对于达到使用寿命的交流接触器，其线圈等可能随时出现故障

续表

故障类型		原因	解决方法
触电损坏（多发生于交流接触器的主触点）	触点异常磨损	短时间负荷过大，触点开闭时电弧过大，从而造成触点的异常磨损	找出负载过大的原因并排除，更换主触点
		操作频率过高	降低操作频率或使用较高容量的交流接触器
		触点表面有油污、灰尘等杂物，触点处的接触电阻增大，从而造成触点的异常磨损	清除触点表面的油污、灰尘等，并防止油污、灰尘等再次进入交流接触器
接线端子损坏		接线端子损坏是指接线端子压线时用力不正确或用力过大造成接线端子严重变形等	更换接线端子
		接线端子处虚接，造成打火、接线端子及压线头烧熔等	若接线端子轻微损坏，一般情况下不影响使用，可用 300# 砂纸打磨至露出金属光泽即可。若接线端子严重损坏，则应更换

需要说明的是，表 2–2 中所说的触点异常磨损是指较为严重的磨损，通常为触点磨损的深度超过 1 mm。若为轻微磨损（触点的磨损深度不超过 0.5 mm），一般情况下不影响使用，可用整形锉轻轻修整触点，但不允许使用砂纸修整触点。

更换交流接触器

一、操作准备

工器具准备：验电器、十字旋具、一字旋具、万用表、交流接触器。

二、操作步骤

步骤 1　切断电源

依次切断交流接触器线圈控制回路的电源、辅助触点电路的电源（若有）、主触点电路的电源，并用验电器检验确认无电后，方可进行下面的操作。

步骤 2　拆除接线

用旋具逆时针旋松接线端子上的螺钉，拆除与主触点、辅助触点及线圈相连接的电线。

步骤 3　确定型号规格

（1）对于导轨安装式的交流接触器，一只手轻轻扶住交流接触器，另外一只手把一字旋具插入固定卡中，朝与交流接触相反的方向稍稍用力撬动固定卡，把交流接触器从导轨上取下。

（2）对于螺钉安装式的交流接触器，一只手轻轻扶住交流接触器，另一只手用旋具卸下固定交流接触器的螺钉。之后查看交流接触器上所标注的型号规格。

步骤 4　安装

选取相同型号规格的新交流接触器进行安装。

（1）对于导轨安装式的交流接触器，先将其不带固定卡一侧的卡槽放置在导轨上，并用一只手轻轻按住交流接触器，另一只手把一字旋具插入固定卡中，朝与交流接触器相反的方向稍稍用力撬动固定卡，然后稍稍用力将交流接触器按向导轨，并松开固定卡，交流接触器即被安装在导轨上。

（2）对于螺钉安装式的交流接触器，用螺钉将其固定即可。

（3）将拆除的导线逐一接于交流接触器相应的接线端子上，并压紧。

步骤 5　接通电源

依次接通交流接触器主触点电路的电源、线圈控制回路的电源、辅助触点电路的电源（若有）。

步骤 6　试验

（1）接通电源后，交流接触器应正常动作，即常开触点闭合、常闭触点断开。

（2）用万用表检查交流接触器各组触点两接线端子间的电位差，以确认各组触点都正常动作。

步骤 7　记录

记录操作日期，操作人员，更换交流接触器的部位、规格型号等，最后由操作人员签名。

学习单元 4 除霜加热器、油加热器、冷却水加热器故障排除

掌握除霜加热器、油加热器、冷却水加热器故障的主要原因

能够排除除霜加热器、油加热器、冷却水加热器故障

一、除霜加热器、油加热器、冷却水加热器故障的主要原因

1. 除霜加热器

除霜加热器用于干式蒸发器的电加热除霜，如冷库冷风机、商用超市陈列柜等。除霜加热器有 U 形、单端出线形（一字形）等形状，但其结构大同小异。U 形除霜加热器如图 2–12 所示。发热管 1 通常采用不锈钢材料。防水密封 2 可防止除霜时水进入发热管与导线 3 的连接处而造成漏电事故。

除霜加热器安装于铜管翅片式干式蒸发器上，如图 2–13 所示。翅片 1 上通常有用于安装除霜加热器 4 的凹槽，用专用的固定卡 3 把除霜加热器固定在铜管 2 上。

除霜加热器的额定电压通常为 220 V 或 380 V。

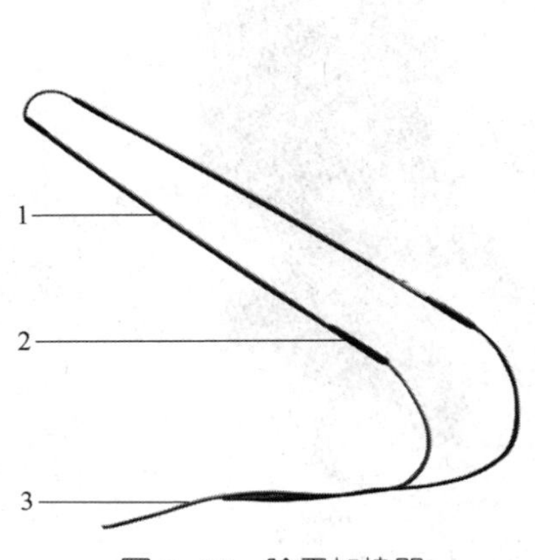

图 2–12 除霜加热器

1—发热管 2—防水密封 3—导线

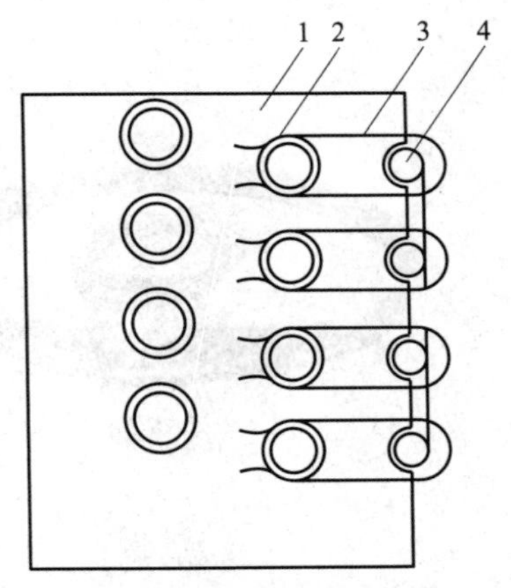

图 2–13 除霜加热器安装示意图

1—翅片 2—铜管 3—固定卡 4—除霜加热器

2. 油加热器

油加热器用于加热制冷压缩机的润滑油，以防止制冷压缩机所处的环境温度过低时，润滑油的油温过低、黏度过大。另外，制冷工质在制冷系统中具有向温度最低处转移的特点，当制冷压缩机安装在室外，尤其是冬天长期停止工作的情况下，对于采用氟利昂制冷剂的制冷系统，制冷剂会凝聚转移到曲轴箱中去，并更多地溶解于润滑油中。因此，用油加热器对润滑油加热，也可防止过多的制冷剂溶解在润滑油中而降低润滑油的性能。

制冷压缩机长期停机后，氟利昂工质可能会大量积聚在曲轴箱或机壳中，当压缩机重新启动时，曲轴箱或机壳内的压力突然下降，氟利昂就会大量从润滑油中逸出，使润滑油沸腾起泡；部分润滑油会在制冷剂的夹带下被制冷压缩机吸入气缸，形成所谓“奔油”现象，严重时可使压缩机在启动的瞬间造成暂时缺油和“液击”；此外，过多的氟利昂溶解在润滑油中，润滑油的润滑性能降低，可能会导致轴承烧坏。要避免“奔油”和烧坏轴承现象，就需要防止制冷剂大量溶入和积聚于曲轴箱内的润滑油中。为此，对于氟利昂制冷剂压缩机，可以在曲轴箱（开启和半封闭式压缩机）的内部或外部，或是机壳（全封闭式压缩机）下部的外围装上机油加热器。制冷压缩机启动前，先用加热器把润滑油加热至 40 ~ 50 ℃，使氟利昂预先从润滑油中蒸发出来。

油加热器有多种形式。小型氟利昂制冷系统所用的油加热器通常做成带状，安装在制冷压缩机的曲轴箱下部，如图 2–14 所示。也有将油加热器做成插入式

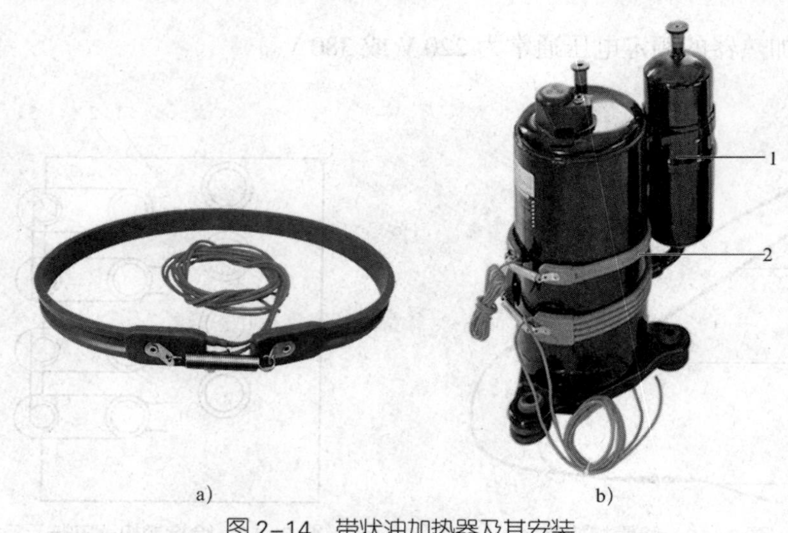

图 2–14　带状油加热器及其安装

a）带状油加热器　b）安装示意图

1—制冷压缩机　2—带状油加热器

的，装入制冷压缩机曲轴箱预留的孔中（油加热器在正常油位之下）。带状油加热器和插入式油加热器加热功率一般都比较小，为几十瓦，通常不超过 100 W，它们也称为曲轴箱加热器。

对于大型制冷系统，往往设有油分离器，除了在制冷压缩机曲轴箱处安装油加热器外，还会在油分离器的下部设置油加热器，从而保证流回制冷压缩机的润滑油有适宜的温度。这种油加热器通常为插入式，不过由于加热功率比较大（根据实际制冷系统的情况一般为几百瓦），通常做成棒状，如图 2–15 所示。

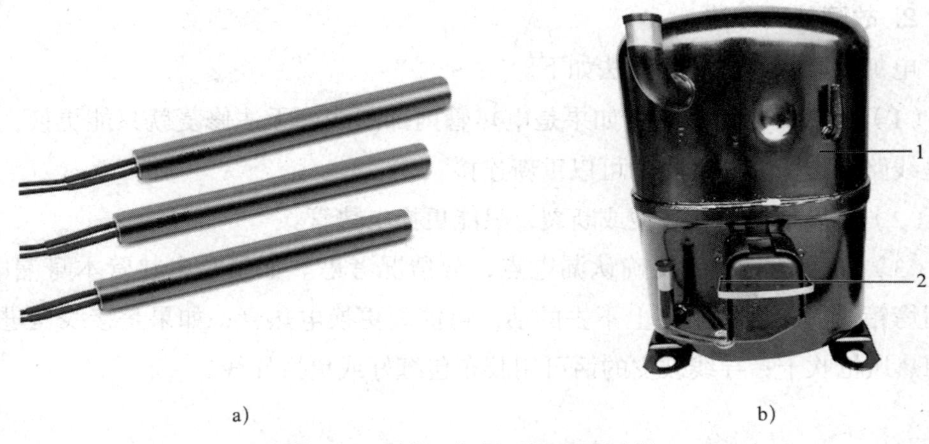

图 2–15 插入式油加热器及其安装
a）插入式油加热器 b）安装示意图
1—制冷压缩机 2—插入式油加热器

3. 冷却水加热器

寒冷地区的水冷制冷系统冬季时有可能会因为环境温度过低而造成冷却水结冰，为此，可在冷却水系统中安装冷却水加热器，以提高冷却水的温度，防止结冰。冷却水加热器的功率一般比较大，从几千瓦到几十千瓦不等。

冷却水加热器如图 2–16 所示。发热管 1 通常用无缝不锈钢管或高镍耐热不锈钢制作，内部填充耐高温氧化镁粉。

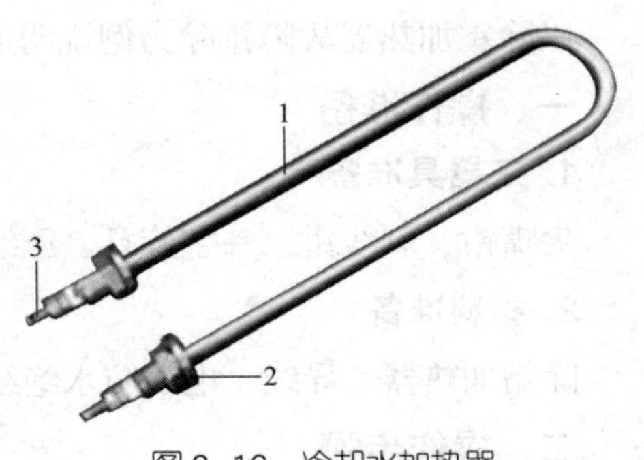

图 2–16 冷却水加热器
1—发热管 2—防水密封 3—接线柱

二、除霜加热器、油加热器、冷却水加热器故障排除

1. 加热器常见故障

除霜加热器、油加热器、冷却水加热器均属于电加热器。电加热器常见故障主要有以下几种。

（1）无法加热（电加热器内部电热丝烧断或接线盒处断线）。

（2）电热管破裂或断裂（电热管裂纹、电热管被腐蚀破裂等情况）。

（3）漏电，主要是自动断路器或漏电保护开关跳闸，电热管无法加热。通常这种故障占电加热器故障的 90% 以上。

2. 故障处理方法

电加热器故障的处理方法如下。

（1）加热器无法加热，如果是电热管内部断线、无法修复就只能更换，如果是线路或接头断路、松动可以重新连接。

（2）如果是电热管破裂或断裂，只能更换电热管。

（3）如果是漏电就要确认漏电点，分情况考虑。如果是电热管本身漏电，可用烤箱烘烤；绝缘阻值上不去的话，可能要更换电热管；如果是接线盒进水则用热风枪吹干；导线破皮的话可用胶布包缠好或更换导线。

加热器故障排除

以除霜加热器故障排除为例说明加热器故障排除的操作方法。

一、操作准备

1. 工器具准备

尖嘴钳、剥线钳、一字旋具、压线钳、万用表。

2. 材料准备

除霜加热器、导线、电工防水绝缘胶布、电热管、烤箱、热风枪。

二、操作步骤

步骤 1　确认故障

（1）无法加热，自动断路器或漏电保护开关跳闸，则是漏电故障，确认漏

电点。

（2）无法加热，电热管破裂或电热管内部断线。

（3）无法加热，接线盒处断线。

步骤 2　切断电源并拆下加热器

断开电路电源，并用验电器检验确认被修复的故障部位无电后，方可进行下面的步骤。

找到除霜加热器的导线接头，用尖嘴钳从接头处剪断除霜加热器导线。若除霜加热器有专门的接线端子，则用旋具从接线端子处拆除除霜加热器的接线。对于带有接地线的除霜加热器，一并将除霜加热器的接地线从电源的地线接线端子或地线接线螺栓上拆除。然后取下除霜加热器的固定卡，把除霜加热器从蒸发器上拆下。

步骤 3　修复

（1）漏电修复。如果是电热管本身漏电，可用烤箱烘烤；绝缘阻值上不去的话，可能要更换电热管；如果是接线盒进水则用热风枪吹干；导线破皮的话可用胶布包缠好或更换导线。

（2）如果是电热管破裂或断裂，只能更换电热管。

（3）电热管内部断线、无法修复的话就只能更换。

（4）如果是线路或接头断路、松动可以重新连接。

步骤 4　安装

（1）将修复好的除霜加热器用固定卡固定在蒸发器的相应位置上。

（2）将除霜加热器的导线接于供电电源上，并用电工防水绝缘胶布保护接头。若为压接头接线方式，则在除霜加热器的导线上压好压接头后，将导线压紧于接线端子上。对于带有接地线的除霜加热器，将接地线压紧于电源的地线接线端子或地线螺栓上。

步骤 5　接通电源

接通除霜加热器的电源。

步骤 6　试验

把蒸发器的运行模式切换到除霜模式，用万用表测量除霜加热器两端的电压，其值应与除霜加热器的额定电压一致，否则应检查接线并排除故障。

步骤 7　记录

记录操作日期、操作人员、故障部位及故障情况描述、故障处理方法、处理故障后的运行情况等，最后由操作人员签名。

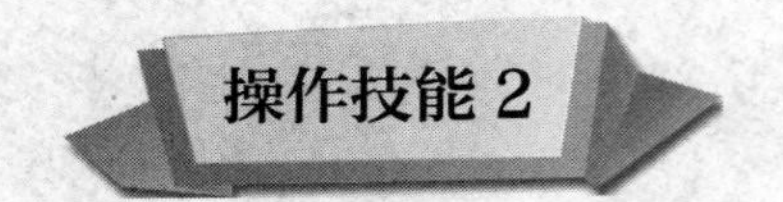

更换加热器

以更换除霜加热器为例说明更换加热器的操作方法。

一、操作准备

1. 工器具准备

尖嘴钳、剥线钳、一字旋具、压线钳、万用表。

2. 材料准备

除霜加热器、压接头、电工防水绝缘胶布。

二、操作步骤

步骤 1　切断电源

切断除霜加热器的电源，并用验电器检验确认无电后，方可进行下面的操作。

步骤 2　拆除

找到除霜加热器的导线接头，用尖嘴钳从接头处剪断除霜加热器导线。若除霜加热器有专门的接线端子，则用旋具从接线端子处拆除除霜加热器的接线。对于带有接地线的除霜加热器，一并将除霜加热器的接地线从电源的地线接线端子或地线接线螺栓上拆除。然后取下除霜加热器的固定卡，把除霜加热器从蒸发器上拆下。

步骤 3　确认型号规格

查看除霜加热器上所标注的型号规格。

步骤 4　安装

（1）选取相同型号的新除霜加热器，用固定卡将其固定在蒸发器的相应位置上。

（2）将除霜加热器的导线接于供电电源上，并用电工防水绝缘胶布保护接头。若为压接头接线方式，则在除霜加热器的导线上压好压接头后，将导线压紧于接线端子上。对于带有接地线的除霜加热器，将接地线压紧于电源的地线接线端子或地线螺栓上。

步骤 5　接通电源

接通除霜加热器的电源。

步骤 6　试验

把蒸发器的运行模式切换到除霜模式，用万用表测量除霜加热器两端的电压，其值应与除霜加热器的额定电压一致，否则应检查接线并排除故障。

步骤 7　记录

记录操作日期，操作人员，更换融霜加热器的部位、规格型号等，最后由操作人员签名。

步骤 5　接通电源

接通除霜加热器的电源。

步骤 6　试验

把蒸发器的运行模式切换到除霜模式，用万用表测量除霜加热器两端的电压，其值应与除霜加热器的额定电压一致，否则应检查接线并排除故障。

步骤 7　记录

记录操作日期，操作人员，更换融霜加热器的部位、规格型号等，最后由操作人员签名。

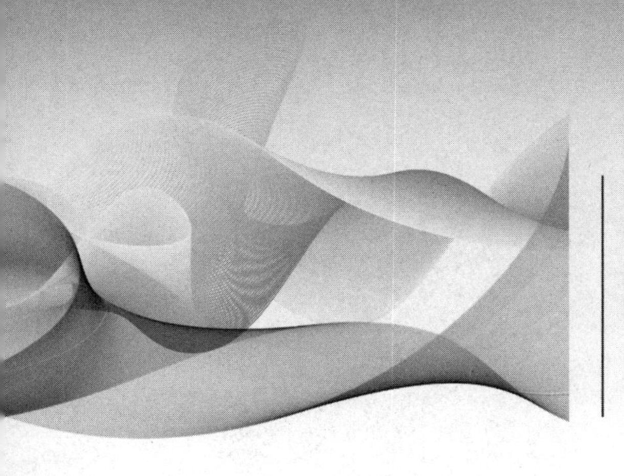

职业模块 3 维护保养

培训课程 1 维护保养制冷压缩机

学习单元 1 制冷压缩机吸、排气阀的拆装和更换

熟悉制冷压缩机吸、排气阀的结构

掌握制冷压缩机吸、排气阀的工作原理

掌握制冷压缩机吸、排气阀的拆装与更换方法

一、制冷压缩机吸、排气阀的结构

单级往复式压缩机的工作腔部分都有气缸、活塞和气阀等，而其中的气阀（包括吸气阀和排气阀）是压缩机中用来控制气体吸入和排出气缸的重要部件。活塞式压缩机上的气阀都是自动阀，即气阀的启闭不是用强制机构而是靠阀片两侧的压力差（气缸和阀腔内的气体压力差）来实现的。常用的自动阀有环状阀、网状阀、条状阀、舌簧阀、蝶阀和直流阀等，每种气阀又分为吸气阀和排气阀。

压缩机气阀由阀座、升程限制器以及阀片和弹簧等组成，用螺栓和螺母将其紧固在一起，如图 3–1 所示。

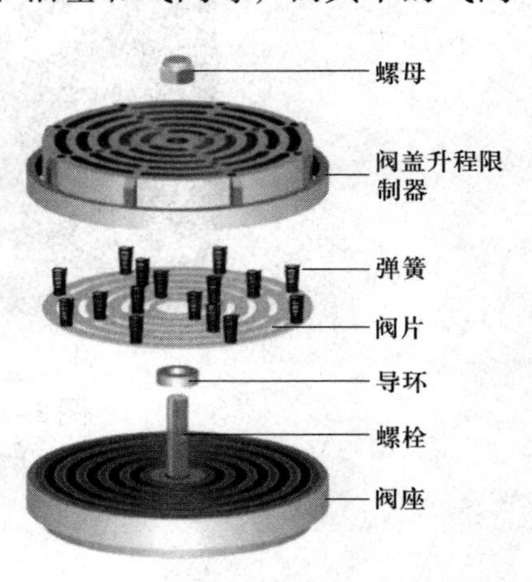

图 3–1　压缩机气阀结构

阀座是气阀的基础，是主体。升程限制器用来控制阀片升程的大小，而升程限制器上几个同心凸台是起导向作用的。阀片是气阀的关键零件，它通过关闭和打开进出口阀保证压缩机吸入气量和排出气量符合设计要求，它的好坏关系到压缩机的性能。弹簧起着辅助阀片迅速回弹以及保持密封的作用。

阀片升程的大小对压缩机性能有直接影响。升程大，阀片易冲击，影响阀的寿命；升程小，气体通道截面积小，通过的气体少，排气量小，生产效率低。

根据压力不同，中低压压缩机与高压压缩机所用的气阀也不同，如图 3–2 所示。

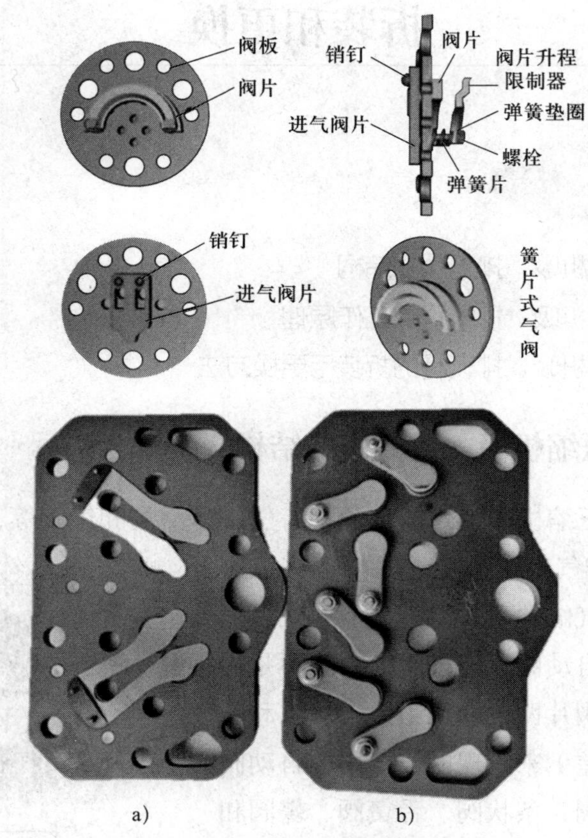

图 3–2　制冷压缩机吸、排气阀

a）中低压压缩机用气阀　b）高压压缩机用气阀

二、制冷压缩机吸、排气阀的工作原理

压缩机的吸气阀和排气阀通常装在气缸盖上，升程约 3 mm。电动机通过弹性联轴器带动曲轴旋转，再经连杆、活塞销带动活塞在气缸内上下往复运动。

当活塞从上止点向下止点移动时，压缩机处于吸气过程，此时吸气阀弹簧被压缩，阀片向下运动，于是吸气阀打开，吸入气体。活塞回行，即从下止点向上运动时，吸气阀开始关闭，即阀片受其弹簧弹力作用向上运动至与阀座密合的位置。当吸、排气阀均处于关闭状态，活塞继续向上运动，气体在缸内被压缩，压力升高到排出压力时，排气阀片向上运动压缩弹簧而开启，压缩过程结束。

排气阀开启后，缸内压力即保持排出压力大小不变直到活塞行至上止点，全部气体被排出，排气过程结束。气阀开启的最大位置受升程限制器的限制。

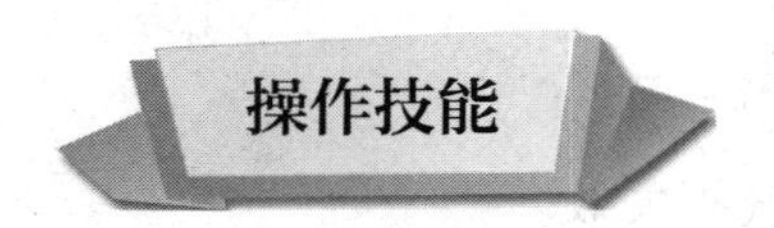

拆装与更换制冷压缩机吸、排气阀

压缩机气阀是压缩机中的重要组件，也是易损件。随着运行时间的增加，气阀随时有可能失效，造成制冷系统运行效率降低。为此压缩机吸排气阀的拆装与更换必须及时有效，保证制冷系统正常运行。

一、操作准备

1. 工器具及材料准备

气阀拆卸专用工具，合适的旋具、钳子、扳手、锤子等钳工工具，纱布、滤网、刷子等。

2. 随机技术文件准备

由于不同压缩机采用的吸、排气阀略有不同，维修时应认真阅读随机技术文件。

二、操作步骤

步骤 1　拆卸压缩机吸、排气阀

（1）拆卸气缸盖。先将水管连接管拆下，再对称均匀拧松缸盖螺母，拧松

螺母时缸盖两窄边各有一根长螺栓的螺母应最后松开。松开时两边同时进行，缸盖随安全弹簧支撑力升起 2～4 mm 时，观察密封垫片粘到机体部分多，还是粘到气缸盖部分多，用一字旋具将密封垫片铲到一边，防止损坏。若发现气缸盖弹不起时，注意螺母不要松得过多，用一字旋具轻轻撬开贴合面，防止缸盖突然弹出发生事故。然后将螺母均匀地卸下，取下气缸盖。气缸盖密封垫片尽量不要拆破，损坏的垫片必须换新。

（2）拆卸气阀组。气缸盖取下后，便可拿出安全弹簧，检查弹簧尺寸变化情况，注意有无裂纹和掉落的碎片；再取出气阀组和吸气阀片，要注意编号，连同安全弹簧放在一起，便于检查和重装。取出气阀组时，沿气缸体轴线方向用力即可将气阀组取出。注意在手用力的过程中，应始终保证气阀组的上平面与压缩机的上隔板平行。取气阀组时，还应注意不能损坏外阀座与气缸套端面的密封线。气阀组取出后，检查外阀座与气缸套端面的密封线有无问题。

步骤 2　更换吸、排气阀

（1）按照步骤 1 拆卸压缩机吸、排气阀。

（2）观察吸、排气阀的变形与损坏程度，确认气阀失效。

（3）更换吸、排气阀。

（4）按照步骤 3 装配吸、排气阀。

步骤 3　装配吸、排气阀

（1）阀盖大头朝下置于软面工作台上，将排气阀弹簧旋入阀盖弹簧座孔内。装配时，阀盖应没有毛刺，弹簧拧进弹簧座孔后其自由高度应一致且不偏斜。气阀弹簧要长短一致，用手旋转装入阀盖座孔内，决不能用劲硬往里塞，以防气阀弹簧变形。

（2）在气阀中心螺栓上装上铝垫片，再装上内阀座，然后在内阀座密封面上放上排气阀片。装配前应将密封面擦干净。

（3）将装好排气阀弹簧的阀盖装在气阀中心螺栓上，排气阀弹簧应压住排气阀片，内阀座密封面与阀片密封面应贴合，阀片应放正。

（4）装上钢碗，拧紧槽形螺母，装上开口销。拧紧槽形螺母时应注意中心螺栓的底平面不能高出内阀座下平面，以防撞击活塞。

（5）装外阀座，使螺栓孔端面紧贴阀盖的四或六个爪，拧上螺栓。

（6）排气阀组装好后，用旋具检验排气阀片开启是否灵活，升启度是否符合要求，若不符合要求则应进行调整，然后用煤油进行试漏。

（7）清点其余零件（吸气阀弹簧、吸气阀片、圆柱销、安全弹簧等），以备总装配。

三、注意事项

1. 拆卸中应按压缩机各部分结构不同预先考虑操作程序，以免发生先后倒置造成混乱，或贪图省事猛拆猛敲，造成零件损坏变形。

2. 拆卸的顺序一般与装配的顺序相反，即先拆外部零件，后拆内部零件，从上部依次拆组合件，再拆零件。

3. 拆卸时要使用专用工具、卡具。

4. 对拆卸下来的零部件要放在合适的位置，不要乱放。

5. 拆卸下的零件要尽可能地按原来的结构状态放在一起。对成套不能互换的零件在拆卸前要做好记号，拆卸后要放在一起，或用绳子串在一起，以免搞乱使装配时发生错误而影响装配质量。

6. 注意几个人的合作关系，应有一人指挥，并做好详细分工（一定要在有指导老师在场的情况下进行）。

学习单元 2　油过滤器的拆装、清洗和更换

熟悉制冷压缩机油过滤器的结构与作用

能够进行制冷压缩机油过滤器的拆装、清洗和更换

一、制冷压缩机油过滤器的结构与作用

油过滤器用于气体或其他介质大颗粒物过滤。它安装在管道上，能除去流体中的较大固体杂质，使机械设备能正常工作和运转，起到稳定工艺过程、保障安全生产的作用。

制冷压缩机中的油过滤器用来过滤压缩机冷冻机油中的金属颗粒、杂质等，保证油循环系统的洁净，从而保护压缩机安全运行。制冷压缩机油过滤器主要

包括油粗过滤器和油精过滤器等。

1. 油粗过滤器

油粗过滤器主要用于清除润滑油中的较大尺寸杂质颗粒，以对润滑油进行清洁，同时减轻油精过滤器的负担，以保证油泵及压缩机润滑良好、工作正常，避免磨损。过滤芯为不锈钢丝网制成的圆筒形结构，其端盖可拆卸，用于更换、清洗过滤芯。过滤芯应定期清洗。清洗时，可用压缩空气吹过滤芯，使其附着的杂质颗粒脱落，然后再浸入煤油中清洗，最后用压缩空气吹除干净即可。

2. 油精过滤器

油精过滤器主要用于进一步清除润滑油中的小尺寸杂质颗粒，确保进入压缩机的润滑油非常清洁，以保证压缩机轴承、转子、轴封等摩擦点润滑良好、正常工作，减低磨损。它的结构与油粗过滤器相似，但构成过滤芯的不锈钢丝网更密。过滤芯应定期清洗，更换工作应在停机时进行。

正常工作时油温为 60 ~ 70 ℃。运转中若出现噪声过大、油压力表指针抖动或摆动过大的情况，应检查油粗过滤器是否堵塞，吸油管路是否有气体存在，如有上述情况应及时排除。

二、制冷压缩机油过滤器的选用

选用油过滤器时，要考虑下列几点。

1. 过滤精度应满足要求。
2. 能在较长时间内保持足够的通流能力。
3. 滤芯具有足够的强度，不因液压的作用而损坏。
4. 滤芯抗腐蚀性能好，能在规定的温度下持久地工作。
5. 滤芯清洗或更换简便。

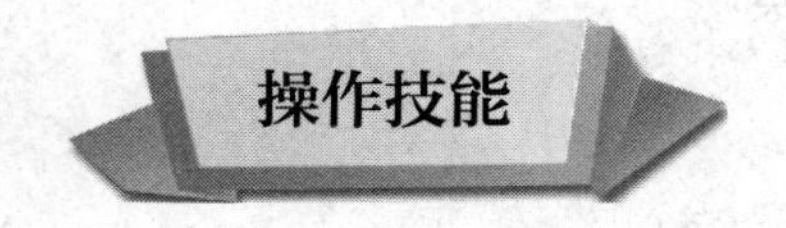

拆装、清洗和更换油过滤器

冷冻油过脏导致管路堵塞，会因润滑不良而导致制冷压缩机发生过热故障，严重影响制冷设备的制冷效果。因此，若发现工作时油温过高、噪声过大及油压表指针抖动或摆动过大，则应根据故障判断及时清洗或更换相应型号的油过滤器（同时充注冷冻机油），以保证制冷设备正常运转。

一、操作准备

1. 工器具及材料准备

合适的旋具、钳子、扳手等钳工工具，冷冻机油、纱布、滤网、刷子等。

2. 随机技术文件准备

由于不同压缩机采用的油过滤器略有不同，对应的冷冻机油型号也不一样，维修时应认真阅读随机技术文件。

二、操作步骤

步骤 1　拆卸油过滤器

（1）首先将高、低压阀门关掉。

（2）将压缩机里冷冻机油放出来。

（3）卸掉压缩机内部的气体制冷剂。

（4）拆开高压端盖，用皮带扳手卸掉过滤器。

步骤 2　清洗油过滤器滤芯

拆出滤芯，清洗滤芯。

步骤 3　更换油过滤器滤芯

（1）确认滤芯失效则更换滤芯。

（2）按照步骤 4 进行装配。

步骤 4　装配油过滤器

装配步骤按照步骤 1 反向操作。

三、注意事项

1. 严格按照技术文件中的流程进行操作。
2. 定期观察油过滤器两侧的压差，超过规定值应更换滤芯。
3. 滤芯装配方向要正确。

学习单元 3　吸气滤网的拆装、清洗和更换

学习目标

熟悉吸气滤网的结构与作用
能够进行吸气滤网的拆装、清洗和更换

吸气滤网安装于压缩机吸气口，用于滤除空气中所含的灰尘和其他杂质，保护压缩机正常工作。

吸气滤网吸气阻力小，过滤效率高，工作压力通常为 1 MPa，工作温度范围通常为 –80 ~ +150 ℃。吸气滤网在结构上包括滤壳和过滤组件等，如图 3–3 所示。

图 3–3　吸气滤网

操作技能

吸气滤网的拆装、清洗和更换

制冷系统在运行时，机械部件磨损会产生铁屑等坚硬机械杂质，过滤不良会导致杂质随制冷剂气体进入压缩机气缸，损坏运动件而发生故障，因此，对压缩机吸气口处的吸气滤网要及时清洗与更换，以延长压缩机寿命。

一、操作准备

1. 工器具及材料准备

压缩机、小撬杠、清洗剂（或汽油）、锯刀、密封垫、过滤网、护目镜、防护罩等。

2. 随机技术文件准备

由于不同压缩机，吸气滤网的位置与型号略有不同，维修时应认真阅读随机技术文件。

二、操作步骤

步骤 1　隔离与排空

（1）按规程停机后，关闭制冷压缩机的吸气截止阀与排气截止阀，并做出标记。

（2）排出制冷压缩机中的制冷剂。

步骤 2　拆卸

（1）拆除吸气过滤网压盖上的固定螺栓。

（2）用小撬杠轻轻撬动吸气过滤网，取出过滤网，注意不要碰伤滤网。

步骤 3　清洗与安装更换

（1）把过滤网放入清洗剂（或汽油）中，用刷子清洗干净。

（2）检查过滤网，用锯刀将密封面刮干净。

（3）配上与原来规格相同的密封垫（密封垫上可涂少许油，以便以后拆卸）。

（4）安装清洗后的过滤网（或更换的新过滤网），用对角紧固法拧紧螺栓。

步骤 4　解除隔离

打开先前关闭的截止阀，使系统恢复到运行时的状态。

步骤 5　试验

确认密封面的密封性能良好。

步骤 6　记录

记录操作时间、操作人员、清洗情况（如清洗的吸气过滤器的位置、编号）等，最后由操作人员签名。

学习单元4　制冷压缩机抽真空

能够进行压缩机抽真空操作

在安装、检修制冷系统时，必定会有一定量的空气进入系统中，而空气中含有的水蒸气会对系统造成不良影响，如膨胀阀冰堵、冷凝压力升高、系统零部件腐蚀等。由此可见，在对系统检修后、未加入制冷剂前，对系统抽真空是十分必要的。而抽真空彻底与否，将会影响系统正常运转效果。

真空泵的功能是抽真空，排除制冷系统内的空气和水分。抽真空并不能把水抽出系统，而是产生真空后降低了水的沸点，水在较低温度下沸腾，以蒸气的形式从系统中抽出。真空泵主要有活塞式和叶片式两种，比较常见的是叶片式真空泵，它由转子、定子、叶片及排气阀等零件组成。工作时在离心力和弹簧的弹力作用下，叶片紧贴在定子的缸壁，并将其分隔成吸气腔和压缩腔。转子旋转时吸气腔容积逐渐扩大，腔内压力下降，从而吸入气体；压缩腔容积逐渐缩小，压力升高，气体从排气阀排到大气中去。这样不断循环，便可以把容器内的空气抽出，从而达到抽真空的目的。

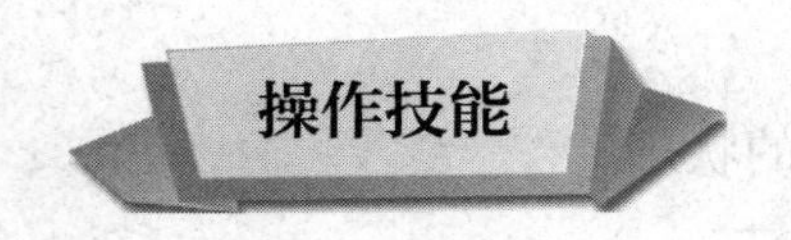

压缩机抽真空

冷冻油质量低劣，润滑不良，会导致制冷压缩机过热故障，严重影响制冷设备的制冷效果。因此，当发现冷冻油质量低劣，必须更换相应型号的冷冻油，以保证制冷设备正常运转。

一、操作准备

1. 工器具及材料准备

压缩机、真空泵、歧管压力表、钳子、罐开关、护目镜、防护罩等。

2. 随机技术文件准备

由于不同压缩机，高、低压接头的位置略有不同，维修时应认真阅读随机技术文件。

二、操作步骤

步骤1　连接歧管压力表

（1）将歧管压力表接入压缩机。

（2）确认高压侧和低压侧歧管手动阀门处于关闭位置。

（3）把高压侧和低压侧压缩机检修阀置于微开位置。

（4）从真空泵的进气口和排气口上拆下保护帽。要保证从排气口上拆除气口帽，以免损坏真空泵。

（5）将歧管中间软管与真空泵进气口相连接。

步骤2　系统抽真空

（1）启动真空泵。

（2）打开低压侧手动阀并观察压力表指针。此时指针应朝下摆动以指示轻微真空。

（3）让真空泵运行15 min并观察压力表。如果没有泄漏，系统应处于20.3 ~ 13.5 kPa绝对压力。此时如果系统未下降至20.3 ~ 13.5 kPa绝对压力，关闭低压侧手动阀并观察复合压力表。如果复合压力表指针上升，表示真空泄漏，而在继续抽真空之前必须将其修理好，检查系统泄漏。

（4）如果泄漏不明显，继续抽真空。

步骤3　完成抽真空

（1）抽真空30 min或更长时间（如果时间允许）。

（2）在抽气之后，关闭高压侧和低压侧歧管手动阀（高压侧阀门可以在检查系统堵塞之后打开）。

（3）关闭真空泵，拆掉歧管软管，放回保护帽。

三、注意事项

1. 注意复合压力表读数应该为3.4 kPa绝对压力或低于此值。

2. 复合压力表指针不应在5 min内以高于3.4 kPa绝对压力的速度上升。如果系统不能达到这个要求，那么可能发生泄漏或者抽真空时间不够长。

3. 若进行部分充注，则必须对系统再次进行泄漏检查。

4. 在泄漏被查出和修理之后，必须回收系统内的制冷剂并完全抽真空。

5. 如果系统保持所规定的真空，则继续进行充注（或按要求进行其他程序）。

学习单元 5　联轴器同轴度的校正

熟悉联轴器的结构和类型

掌握联轴器同轴度的校正方法

一、联轴器的结构

联轴器是用来将不同机构中的主动轴和从动轴牢固地连接起来一同旋转，并传递运动和扭矩的机械部件；有时也用以连接轴与其他零件（如齿轮、带轮等）。联轴器常由两半合成（俗称两个半节或两半节），分别用键或紧搭配等连接，紧固在两轴端，再通过某种方式将两半连接起来。联轴器可兼有补偿两轴之间由于制造安装不精确、工作时的变形或热膨胀等原因所发生的偏移（包括轴向偏移、径向偏移、角偏移或综合偏移），以及缓和冲击、吸振等功能。

开启式压缩机与原动机（如电动机）分装，属于两个部件，为此需要联轴器将两者连接起来进行传动。

二、联轴器的类型

联轴器可分为刚性联轴器和挠性联轴器两大类。

刚性联轴器不具有缓冲性和补偿两轴线相对位移的能力，要求两轴严格对中；但此类联轴器结构简单，制造成本较低，装拆、维护方便，能保证两轴有较高的对中性，传递转矩较大，应用广泛。常用的刚性联轴器有凸缘联轴器、套筒联轴器和夹壳联轴器等。

挠性联轴器又可分为无弹性元件挠性联轴器和有弹性元件挠性联轴器。前一类只具有补偿两轴线相对位移的能力，但不能缓冲减振，常见的有滑块联轴器、齿式联轴器、万向联轴器和链条联轴器等。后一类因含有弹性元件，除具有补偿两轴线相对位移的能力外，还具有缓冲和减振作用，但传递的转矩因受到弹性元件强度的限制，一般不及无弹性元件挠性联轴器，常见的有弹性套柱销联轴器、弹性柱销联轴器、梅花形联轴器、轮胎式联轴器、蛇形弹簧联轴器和簧片联轴器等。

三、联轴器的性能要求

根据不同的工作情况，联轴器需具备以下性能。

1. 可移性。联轴器的可移性是指补偿两回转构件相对位移的能力。被连接构件间的制造和安装误差、运转中的温度变化和受载变形等因素，都对联轴器可移性提出了要求。可移性能补偿或缓解由于回转构件间的相对位移造成的轴、轴承、联轴器及其他零部件之间的附加载荷。

2. 缓冲性。对于经常负载启动或工作载荷变化的场合，联轴器中需具有起缓冲、减振作用的弹性元件，以保护原动机和工作机少受或不受损伤。

3. 安全、可靠，具有足够的强度和使用寿命。

4. 结构简单，装拆、维护方便。

四、联轴器的选用

选择联轴器类型时，应该考虑以下几项。

1. 所需传递转矩的大小和性质，对缓冲、减振功能的要求，以及是否可能发生共振等。

2. 由制造和装配误差、轴受载和热膨胀变形以及部件之间的相对运动等引起两轴轴线的相对位移程度。

3. 许用的外形尺寸和安装方法，为了便于装配、调整和维修所必需的操作空间。对于大型联轴器，应能在轴不需要轴向移动的条件下实现拆装。

4. 工作环境、使用寿命以及润滑、密封和经济性等条件。

在此基础上，参考各类联轴器的特性，选择一种合适的联轴器类型。

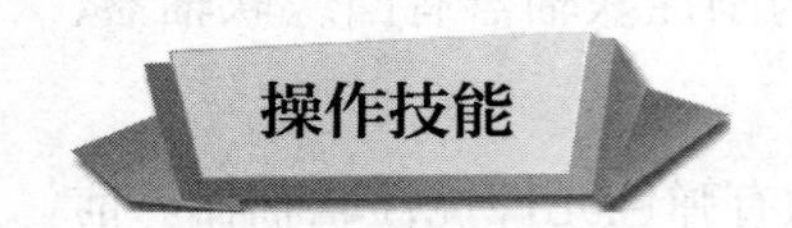

联轴器装配校正

联轴器所连接的两轴，因为制造及安装误差、承载后的变形以及温度变化的影响等，会引起两轴相对位置的变化，往往不能保证严格对中，这样会导致电动机传给压缩机的功率下降，制冷效率降低。

一、操作准备

1. 工器具及材料准备

开启式压缩机、联轴器、电动机、钳子、扳手、联轴器液压拆装工具、带压力计的高压泵与低压泵、百分表、量块等。

2. 随机技术文件准备

由于不同类型开启式压缩机与电动机连接所采用的联轴器不一定相同，对应型号也不一样，维修时应认真阅读随机技术文件。

二、操作步骤

步骤 1　安装联轴器

（1）检查接触面。

（2）检查接触面积。

（3）拆卸半联轴器。

（4）检查半联轴器。

（5）确定零（起始）位置。

（6）联轴器工装安装。

（7）检查过盈值。

（8）安装油管路。

（9）推进半联轴器。

步骤 2　拆卸联轴器

（1）拆下轴上的锁定螺母。

（2）装上安装工具。

（3）连接液压油管。

（4）激活安装工具，确保无漏油。

（5）扩大半联轴器。

（6）允许半联轴器移动。

（7）拆下半联轴器。

（8）检查 O 形密封圈。

步骤 3　校正联轴器同轴度

（1）用塞尺和直尺检查。当设备通过联轴器对接时，应使两个半节达到较高的同轴度，即轴向一致。另外，为防止因少量的轴向窜动造成两个半节“对顶”，应使两个半节对接平面保持 2 ~ 3 mm 的间隙，要求精确时可用塞尺进行检测。对于同轴度的检查，可用直尺或一边较直的铁板、木板等靠在联轴器侧面，在顶面和两个侧面进行检查，若两个半节与直尺均密合，说明同轴度达到要求，否则说明存在轴向平行但不重合或轴向不平行的现象。

（2）用百分表检测两个半节的同轴度误差。在两个半节未连接的情况下，将一只百分表通过磁性表架固定在一端的联轴节上，表的测头压在另一端联轴节的侧面上。将百分表调整好后，盘动联轴节转一周，记录百分表指示值的变化量（最大值与最小值之差），该变化量即两个半节的同轴度误差，俗称“圆跳动”。应根据所用设备的精度要求（如整体振动的要求）以及联轴器的类型（刚性连接或弹性连接），将误差控制在一个合适的范围之内。

三、注意事项

1. 在联轴器两端，应装有保护盖或挡板，以保护联轴器不至于受到损坏。

2. 保证两半联轴器端面有良好的接触和润滑条件。

3. 安装时应注意使两半联轴器的轴线对正，并注意偏差值不得大于所允许的数值。

4. 撤掉压力前不要将百分表撤掉，保持原位 30 min，检验百分表变化情况。若无变化则确认安装合格。

学习单元 6　油泵的拆装和更换

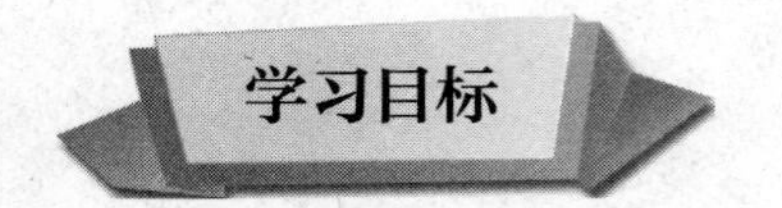

熟悉油泵的结构与工作原理

掌握油泵的拆装和更换方法

冷冻油的主要作用有润滑、密封、散热、清洗、隔离、能量传递等，其作用的实现有不同方式。

小型压缩机（如旋转式和小型活塞式）由于机械部分体积小，对润滑的要求相对较低，可通过运动部件带动冷冻油的飞溅和提升来满足润滑要求。

大型压缩机（如螺杆式和离心式）对于润滑的要求比较高，靠飞溅提升带动无法把足够的冷冻油带到所需位置，也就无法满足润滑和散热要求，所以要有专门设计的油循环回路，也就是说有油压要求。另外，螺杆机组通过油压来推动滑阀改变位置，以此作为调节能量输出的手段，所以对油压要求更高。

大型活塞式压缩机自带集成的油泵，随压缩机的启停而启停，不能独立于压缩机单独运行。大型螺杆机组和离心机组一般有独立的油泵，在压缩机启动之前就可以先行进入预润滑运行。因此大型压缩机多采用油泵来实现润滑，常见的油泵是内啮合转子式油泵。

内啮合转子式油泵由内转子、外转子、壳体、泵轴等组成。内、外转子均采用铁和石墨含油粉末模压而成。内转子（外齿轮）是主动转子，由曲轴带动旋转；外转子（内齿轮）是被动转子，依靠与内转子啮合而旋转。外转子为偏心安装，在转子的后端设有吸油孔和排油孔。当内转子顺转时，转子的齿间容积发生变化和位移，使油从吸油孔输送到排油孔。

当内转子反转时，由于偏心作用，内转子带动外转子和油泵座转动 180°，使偏心位置也变化 180°，从而保证了润滑油仍从吸油孔吸油，向排油孔排油。

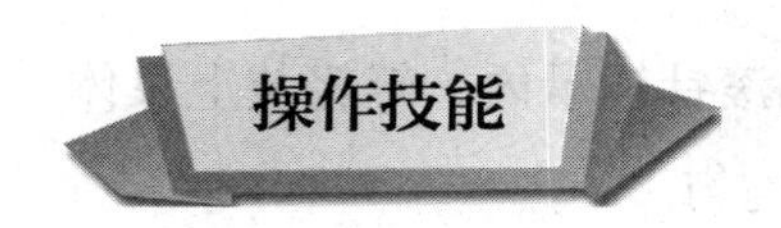

拆装和更换油泵

油泵泵油不足会导致制冷压缩机运动部件润滑不良，进而导致制冷压缩机拉缸发生故障，严重影响制冷设备的制冷效果。因此，当发现冷冻油量不足时，需要检查油泵，以保证制冷设备正常运转。

一、操作准备

1. 工器具及材料准备

合适的旋具、钳子、扳手等钳工工具，油泵等。

2. 随机技术文件准备

由于不同压缩机采用的油泵略有不同，维修时应认真阅读随机技术文件。

二、操作步骤

步骤 1　拆卸油泵

（1）拆卸螺栓，取出右端盖。

（2）取出右端盖密封圈。

（3）取出泵体。

（4）取出被动齿轮和轴，取出主动齿轮和轴。

（5）取出左端盖上的密封圈。

步骤 2　装配油泵

（1）将主动齿轮（含轴）和从动齿轮（含轴）啮合后装入泵体内。

（2）装左右端盖的密封圈。

（3）用螺栓将左泵盖、泵体和右泵盖拧紧。

（4）用堵头将泵进出油口密封（必须做这一步）。

三、注意事项

1. 拆装中应用铜棒敲打零部件，以免损坏零部件和轴承。

2. 拆卸过程中遇到元件卡住的情况时，不要乱敲硬砸。

3. 装配时，遵循先拆的零部件后安装、后拆的零部件先安装的原则，正确合理地安装。脏的零部件应用柴油清洗后才可安装。安装完毕后应使泵转动灵活平稳，没有阻滞、卡死现象。

4. 装配齿轮泵时，先将齿轮、轴装在后泵盖的滚针轴承内，轻轻装上泵体和前泵盖，打紧定位销，拧紧螺栓，注意使其受力均匀。

学习单元 7　油冷却器的清洗

熟悉油冷却器的结构

掌握油冷却器的清洗方法

油冷却器是润滑系统中的重要元件，它利用一定温差的两种介质进行热交换，达到降低油温的目的。油冷却器通常分为风冷式油冷却器和水冷式油冷却器。

水冷式油冷却器通过油和冷水换热，从而达到降温的效果。而风冷式油冷却器则使用冷空气作为冷介质。选用时可根据实际工况选择合适的油冷却器。

油冷却器使用时，热介质在筒体一边的接管进入，按照进入的顺序进入各个折流通道，然后曲折地流至接管出口。冷介质则由一侧进水口进入到一边的冷却器管，再从回水盖流入到另外一边的冷却器管，冷介质在双管程流动过程中吸收热介质放出余热并经过出水口排出，可以让工作介质保持额定的工作温度。

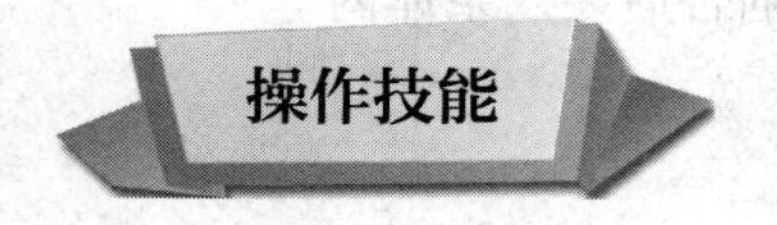

清洗油冷却器

润滑系统是制冷压缩机的重要组成部分。润滑系统在工作的时候需要持续保持高压力，从而会产生大量的热量，油温也会升高。若无法及时把热量排出，会导致系统的密封元件老化、损坏，而且油的黏度随着油温升高而变低，油压也达不到工作要求。为保证制冷系统安全可靠运行，必须把油温控制在规定的范围内。为此油冷却器必不可少。

一、操作准备

1. 工器具及材料准备

油冷却器，合适的旋具、钳子、扳手等。

2. 随机技术文件准备

由于不同制冷系统采用的油冷却器略有不同，维修时应认真阅读随机技术文件。

二、操作步骤

步骤1　就地清洗

（1）将换热器两边进出管口内的液体排尽。如果排不尽，可用水将工艺液体强行冲出。

（2）用大约43 ℃的温水从换热器的两边冲洗，直到流出的水变得澄清且不含工艺液体。

（3）将冲洗的水排出换热器，连接就地清洗泵。

（4）要清洗彻底，就必须使就地清洗溶液从底部向顶部流动，以确保所有的板片表面都用清洗溶液弄湿。在清洗多流程换热器时，必须使清洗液反向流动至少1/2的清洗时间，以保证多流程所有板片表面被弄湿。

（5）用就地清洗溶液清洗完后，再用清水彻底冲洗干净。如果换热器用盐水作为冷却介质，在清洗作业开始前，应先将盐水尽量排干净，然后用冷水将换热器冲洗一遍。在用热就地清洗溶液对换热器两边进行清洗之前，应将所有的盐水彻底冲洗干净，以减小对设备的腐蚀。

（6）最佳的清洗方案是使用就地清洗溶液以最大流速冲洗，或以就地清洗喷嘴直径允许的最大流速清洗。如果能在彻底污染前按照制订的定期清洗计划进行就地清洗作业，那么清洗效果会更好。

步骤2　反冲洗及网式过滤器

（1）用清水与正常操作相反方向冲洗装置。

（2）布置管道并在管道上设置阀门，以便在固定的时间内以反向模式作业。这种特殊模式特别适合产品是蒸气的换热器。

（3）当水流中含有相当量的固体或纤维物质时，建议在换热器前面的供水管线上装网式过滤器。这样可减少反向冲洗的次数。

三、注意事项

1. 当换热器尚热、带压、载液或正处于作业中时，决不要打开换热器。

2. 必须始终使用清水进行冲洗作业（水中应不含盐、硫、氯，含铁离子浓度要低）。

3. 如果用蒸气作为杀菌介质，处理丁腈橡胶垫片的蒸气温度不要超过 132 ℃，处理三元乙丙橡胶垫片的蒸气温度不要超过 177 ℃。

4. 如果用含氯溶液作为清洗介质，应尽可能在最低的温度下用最小浓度的溶液，清洗板片的时间应尽可能缩到最短。溶液含氯的浓度不能超过 100×10^{-6}，溶液的温度必须低于 37 ℃，板片与溶液接触的时间不能超过 10 min。

5. 必须用离心泵使清洗溶液保持循环。

6. 不要使用盐酸清洗板片。

7. 在用任何类型的化学溶液清洗板片后，都必须用清水将板片彻底冲洗干净。

8. 必须在水循环通过装置之前加浓缩的清洗溶液，绝不要在水循环时注入这些溶液。

学习单元 8　冷却水套的清洗

熟悉冷却水套的结构

掌握压缩机冷却水套的清洗方法

制冷压缩机将低温低压的制冷剂蒸气压缩成高温高压的制冷剂蒸气时会产生大量的热，这些热量一部分被冷却水套中的水带走，另一部分被气缸壁吸收，如果不及时排出这部分热量，会造成润滑方面的故障，继而造成压缩机故障。

多数氨和二氧化碳冷库压缩机用冷却水套排走这部分热量。氟利昂压缩机的排出温度比氨或二氧化碳压缩机的排出温度低一些，通常用气缸外壁的散热片向空气散热。

清洗压缩机冷却水套

冷却水套在压缩机长时间运行过程中会淤积水垢及锈垢，如果得不到及时清理，会堵塞传热系统，让压缩机进气、排气温度过高，空气无法冷却到指定温度，会造成压缩机损坏，并且直接影响使用安全。因此，定期清理压缩机冷却水套的污垢是十分重要的。

一、操作准备

1. 工器具及材料准备

合适的旋具、钳子、扳手，清洗用具、清洗剂、盐酸，压缩机等。

2. 随机技术文件准备

由于不同压缩机所选用的冷却水套略有不同，维修时应认真阅读随机技术文件。

二、操作步骤

步骤 1　物理清洗

采用物理方式清洗，使用清洗剂、清洗用具来回进行清洁，直至污垢被完全清除，然后再用清水清洗完成。

步骤 2　化学清洗

（1）先将盐酸稀释水（记住一定要稀释，否则会腐蚀金属）倒入冷却器，然后注入清水，来回循环清洗，正常循环 2 h 左右。如果是冬天清洗，可以把水温升高，这样可以提高清洗效果，加快清洗速度。

（2）把盐酸稀释水排出。

（3）用清水清洗。

三、注意事项

1. 应选用中性清洗剂。

2. 清洗后进行设备检漏。

3. 化学清洗过程中的废液不允许直接排入天然水体中，应自行收集后交当地有能力处理该废液的污水处理厂集中处理。

培训课程 2 维护保养辅助设备

学习单元 1　泵与风机的维护

熟悉泵与风机的结构和工作原理

熟悉泵与风机的分类

掌握泵与风机的维护方法

一、泵与风机的结构和工作原理

泵和风机都是根据流体力学理论设计的输送流体或者提高流体压力的流体机械，工作对象是液体的叫泵，工作对象是气体的叫风机。它们的工作原理都是将原动机（电动机等）的机械能转变为被作用流体的能量，从而使流体产生速度和压力。所以，从能量的观点来说，泵和风机都属于能量转换的流体机械。

风机是通风机、鼓风机、压缩机和真空机（泵）的总称，用以抽吸、排送和压缩空气或其他气体。

泵是用来将液体从位置较低的地方抽吸上来，再沿管路输送到较高的地方去；或用来将液体从压力较低的容器里抽吸出来，并克服沿途管道中的阻力，输送到压力较高的容器里或其他需要的地方。

二、泵与风机的分类

泵和风机常按工作原理来分类，一般可分为叶片式、容积式和喷射式三种。

1. 叶片式（透平式）

依靠带叶片的工作轮（叶轮）的旋转来输送流体的风机（泵），叫作叶片式风机（泵）。这种类型的风机（泵），按其转轴与流体流动方向的关系，又可分为离心式和轴流式两种型式。

（1）离心式

在这种风机（泵）中，沿轴向进入风机（泵）的流体，在叶轮转动产生的离心力的作用下，沿与轴向垂直的方向流出。离心式风机（泵）一般用于要求风压较小、风量较高的场所。

（2）轴流式

在这种风机（泵）中，流体沿轴向进入，又沿轴向排出，其叶轮的叶片是机翼型的。轴流式风机（泵）具有流量大、效率高、风压低和体积小的特点，多用于厂房、建筑物的通风换气。

2. 容积式

容积式风机（泵）是依靠工作时机械产生的容积变化来实现对流体的吸入与排出的风机（泵）。容积式风机（泵）产生的风压高，多用于风压要求较高的场合。按其产生容积变化的机构不同，又可分为活塞式和回转式两种型式。

（1）活塞式

通过活塞在泵缸内作往复运动来使活塞与泵缸形成的容积不断变化，从而吸入和排出液体。

（2）回转式

回转式风机（泵）是借助机壳内的转子旋转来使转子与机壳之间所形成的容积不断地发生变化，从而将流体吸入和排出。这种型式的风机（泵）又分为罗茨式、叶氏式、螺杆式、齿轮式等。

3. 喷射式

喷射式风机（泵）是以高压流体作为工作介质来输送另一种流体的机械。当这两种流体通过该机械时，其中工作介质的动能减少，被输送流体的动能增加，从而将被输送流体排出。

维护泵与风机

泵和风机对制冷系统换热器尤其重要，一旦泵和风机出现故障，轻则制冷效果变差，重则制冷系统部件损坏甚至停机。因此，当发现泵和风机效率降低时，必须进行维护保养，以保证制冷设备正常运转。

一、操作准备

1. 工器具及材料准备

万用表，合适的旋具、钳子、扳手等。

2. 随机技术文件准备

由于不同类型的泵与风机结构不同，维修时应认真阅读随机技术文件。

二、操作步骤

步骤 1　维护保养风机

（1）日常维护保养

1）及时处理日常巡检中发现的风机运行问题。

2）检查风机电动机转速、温升、有无异味产生，检查轴承润滑和温升、运转声音和振动等情况，检查软接头是否完好。

（2）定期维护保养

1）连续运行的带传动风机，每月应停机检查调整一次传动带的松紧度；间歇运行的风机，在停机不用期间一个月进行一次检查调整。

2）检查、紧固风机与基础或机架、风机与电动机，以及风机自身各部分的连接螺栓、螺母。

3）调整、更换减振装置。

4）常年运行的风机，每半年更换一次轴承的润滑油脂；季节性使用的风机，每年更换一次轴承的润滑油脂。

步骤 2　维护保养水泵

（1）日常维护保养

1）及时处理日常巡检中发现的水泵运行问题。

2）及时向水泵轴承加润滑油脂。

3）及时压紧或更换轴封。

（2）定期维护保养

1）采用润滑油润滑的轴承每年清洗、换油一次；采用润滑脂润滑的轴承，在水泵使用期间，每工作 2 000 h 换脂一次。

2）每年对水泵进行一次解体清洗和检查，清洗泵体和轴承，清除水垢，检查水泵的各个部件。

（3）停机时保养。水泵停用期间，环境低于 0 ℃时要将泵内的水全部放干净，以免水的冻胀作用胀裂泵体。

三、注意事项

1. 电动机不能有过高的温升，无异味产生。

2. 轴承润滑良好，轴承温度不得超过周围环境温度的 35 ~ 40 ℃，轴承的极限最高温度不得高于 80 ℃。

3. 轴封处、管接头均无漏水现象。

4. 运转声音和振动正常。

5. 地脚螺栓和其他各连接螺栓无松动。

6. 基础台下的减振装置应受力均匀，进出水管处的软接头应无明显变形。

7. 转速在规定或调控范围内。

8. 电流值在正常范围内。

9. 压力表指示正常且稳定，无剧烈抖动。

10. 出水管上的压力表读数与工作过程相适应。

11. 观察油位是否在油镜标识范围内。

学习单元 2　防潮隔气层和绝热层的维护

了解防潮隔气层和绝热层的作用

能够检查修补防潮隔气层和绝热层

一、防潮隔汽层的作用

防潮隔气层是对保冷结构而言的，它的作用是防止大气中的水分凝结使保冷层受潮而降低保冷性能。常用的防潮隔气层材料有聚乙烯薄膜、玻璃布、沥青、油毡、沥青玛蹄脂等。

冷库防潮隔气层处理不当的危害如下。

1. 降低保温层的保温性能。

2. 腐蚀保温材料，使其失去保温作用。

3. 引起建筑材料的锈蚀和腐朽，造成墙面保护层脱落，使围护结构受到破坏。

4. 影响库内温度的稳定性。由于冷间温度上升，使制冷设备运转时间延长，增加了电耗和制冷成本。

二、绝热层的作用

绝热层主要起保温、隔热的作用。绝热层厚度的选择关系到制冷系统的造价和运行成本的经济性问题。

在冷库制冷系统中需要保温的设备和管道有以下几种。

1. 中、低压气体管和液体管。

2. 蒸发压力下工作的设备。

3. 高压过冷液体管及排液管。

4. 热氨冲霜管。

5. 经过低温间的上下水管。

6. 穿过冷间的供液管和回气管。

检查修补防潮隔气层和绝热层

一、操作准备

1. 工器具及材料准备

修补材料、绝热材料、手电筒等。

2. 随机技术文件准备

由于不同制冷系统选用的防潮材料与绝热材料略有不同，维修时应认真阅读随机技术文件。

二、操作步骤

步骤 1　日常检查破损和脱落的绝热层、表面防潮层及保护层。

步骤 2　及时修补或重做管道和阀门处破损的绝热层、表面防潮层及保护层，更换胀裂、开胶的绝热层或防潮层接缝的胶带。

三、注意事项

1. 不允许只在绝热层的低温侧设置隔气层。

2. 南方地区的冷库应在外墙各层的高温一侧布置防潮隔气层。

3. 维护结构冷热面可能发生变化时，外墙隔热层的两侧均应设防潮隔气层。

4. 低温侧比较潮湿的地方，外墙和内墙隔热层的两侧均宜设防潮隔气层。

5. 冷库地坪隔热层的上下、四周均应设防潮隔气层，并且外墙的隔气层应与地坪隔热层上下的隔气层或防潮层搭接。

6. 内隔墙隔热层底部应设防潮隔气层。